XIN NENG YUAN
新能源丛书
CONG SHU

热情奔放的地热能

楼仁兴　李方正◎编著

吉林出版集团股份有限公司

图书在版编目（CIP）数据

热情奔放的地热能 ／ 楼仁兴，李方正编著． -- 长春：
吉林出版集团股份有限公司，2013.5
（新能源）
ISBN 978-7-5534-1960-2

Ⅰ．①热… Ⅱ．①楼… ②李… Ⅲ．①地热能－普及
读物 Ⅳ．①TK521-49

中国版本图书馆CIP数据核字(2013)第123455号

热情奔放的地热能

编 著	楼仁兴	李方正
策 划	刘 野	
责任编辑	林 丽	张又方
封面设计	孙浩瀚	
开 本	710mm×1000mm 1/16	
字 数	105千字	
印 张	8	
版 次	2013年8月 第1版	
印 次	2018年5月 第4次印刷	

出 版 吉林出版集团股份有限公司
发 行 吉林出版集团股份有限公司
地 址 长春市人民大街4646号
　　　 邮编：130021
电 话 总编办：0431-88029858
　　　 发行科：0431-88029836
邮 箱 SXWH00110@163.com
印 刷 湖北金海印务有限公司

书 号 ISBN 978-7-5534-1960-2
定 价 25.80元

前 言

　　能源是国民经济和社会发展的重要物质基础，对经济持续快速健康发展和人民生活的改善起着十分重要的促进与保障作用。随着人类生产生活大量消耗能源，人类的生存面临着严峻的挑战：全球人口数量的增加和人类生活质量的不断提高；能源需求的大幅增加与化石能源的日益减少；能源的开发应用与生态环境的保护等。现今在化石能源出现危机、逐渐枯竭的时候，人们便把目光聚集到那些分散的、可再生的新能源上，此外还包括一些非常规能源和常规化石能源的深度开发。这套《新能源丛书》是在李方正教授主编的《新能源》的基础上，通过收集、总结国内外新能源开发的新技术及常规化石能源的深度开发技术等资料编著而成。

　　本套书以翔实的材料，全面展示了新能源的种类和特点。本套书共分为十一册，分别介绍了永世长存的太阳能、青春焕发的风能、多彩风姿的海洋能、无处不有的生物质能、热情奔放的地热能、一枝独秀的核能、不可或缺的电能和能源家族中的新秀——氢和锂能。同时，也介绍了传统的化石能源的新近概况，特别是埋藏量巨大的煤炭的地位和用煤的新技术，以及多功能的石油、天然气和油页岩的新用途和开发问题。全书通俗易懂，文字活泼，是一本普及性大众科普读物。

　　《新能源丛书》的出版，对普及新能源及可再生能源知识，构建资源节约型的和谐社会具有一定的指导意义。《新能源丛书》适合于政府部门能源领域的管理人员、技术人员以及普通读者阅读参考。

在本书的编写过程中，编者所在学院的领导给予了大力支持和帮助，吉林大学的聂辉、陶高强、张勇、李赫等人也为本书的编写工作付出了很多努力，在此致以衷心的感谢。

鉴于编者水平有限，成书时间仓促，书中错误和不妥之处在所难免，热切希望广大读者批评、指正，以便进一步修改和完善。

目录 CONTENTS

热情奔放的地热能

01
李四光眼里的地热能

在中国著名的地质学家李四光看来，打开地下热库（开发地热资源）同开采煤和石油有着同等重要的意义，因为地热是可供人类利用的一种新能源。他告诉人们："地球是一个庞大的热库，有源源不绝的热源。"李四光曾在《地热》一书中写道："从钻探和开矿的经验看来，随着地下的深度不断增加，温度确实越来越高。在亚洲大致

🔍 李四光蜡像

40米增加1℃（中国大庆20米，房山50米），在欧洲绝大多数地区是28～36米增加1℃，在北美绝大多数地区为40～50米左右增加1℃。我们假定每深100米地温增加3℃，那么只要往下走40千米，地下温度就可以到1200℃……"

有人计算过，假若把地球上储存的煤燃烧时放出的热量计为100的话，那么地球上储存的石油只有煤的3%，核燃料才为煤的15%，而地热则为煤的1.7亿倍。李四光看到了这个惊人的数字，他大声疾呼："我们现在不注意对地下储存的庞大热能的利用，而把地球表层像煤炭这样珍贵的遗产，不分青红皂白，一概当成燃料烧掉，这是无法弥补的损失。"

（1）李四光

李四光（1889年10月26日—1971年4月29日），中国著名地质学家，湖北省黄冈县回龙山香炉湾人，蒙古族。首创地质力学，中央研究院院士，中国科学院院士。

（2）房山

房山地理位置优势突出，位于北京西南，是进出北京的西南大门。房山历史悠久，是人类文明的重要发祥地。大约四五十万年前，我们的祖先"北京猿人"就在北京房山区周口店龙骨山一带渔猎谋生，与大自然抗争，写下了人类文明史中光辉灿烂的篇章。房山因此便以"龙的故乡"饮誉华夏。

（3）大庆

大庆地处中国东北松嫩平原中部，黑龙江省西部，是中国最大的陆上油田和重要的石油化工基地。经过20多年的建设和发展，大庆市已经成为一座以石油产业、石化产业、服务外包产业、乳品加工产业、旅游产业等为主，多产业齐头并进的现代化综合经济强市。

02
什么是地热

🔍 地热温泉

地球的确是一个庞大的热库，地热能比化石燃料丰富得多，它大约是世界上油气资源所能提供能量的5万倍，每天从地球内部传到地面的能量，就相当于全人类一天使用能量的2.5倍。不过，我们不可能把地球内部蕴藏的热能全部开发出来。

人们把蕴藏在地球内部的热能叫作地热。一般说来，地热能可以分成两种类型：一是以地热水或蒸汽形式存在的水热型；另一种则是以干热岩体形式存在的干热型。干热岩体热能是未来大规模发展地热发电的真正潜力，但是因为它的勘探和开发利用工艺都比较复杂，所以过去和现在，利用的还是水热型地热资源。

根据记载，人类以原始方式利用地热资源的历史比利用煤和石油的历史要早得多，如利用天然热水洗浴、医疗、供暖，以及用天然蒸汽加热或煮熟食物等，都已有数千年的历史。中国在东周时代（前770—前256），已有开发地热的记载了。此后，汉代的张衡在《温泉碑》中也有利用地下热水治病的记载："有病厉兮，温泉治焉。"北魏时郦道元撰写的《水经注》中，便记述了湖南用温泉种稻越冬，一年三熟的经验："温泉水，在郴县之西北，左右有田数千亩，资之以溉，常以十二月下种，明年三月谷熟。度此水冷，不能生苗，温泉所溉，年可三登。"

（1）地热水

地热水是指温度显著高于当地年平均气温，或者高于观测深度的围岩温度的地下水。地热资源是一种宝贵的自然财富，它可以作为热源、水源和矿物资源加以利用，例如供发电、取暖、淋浴和养鱼等，对发展国民经济有重要意义。

（2）干热岩体

干热岩体是指一般温度大于200℃，埋深数千米，内部不存在流体或仅有少量地下流体的高温岩体。干热岩体主要被用来提取其内部的热量，因此其主要的工业指标是岩体内部的温度。

（3）张衡

张衡（78—139），字平子，汉族，南阳西鄂（今河南南阳市石桥镇）人，我国东汉时期伟大的天文学家、数学家、发明家、地理学家、制图学家、文学家、学者，在汉朝官至尚书，为我国天文学、机械技术、地震学的发展作出了不可磨灭的贡献。

03
地热能潜力无穷

　　作为新能源大家族中的一员，地热能同太阳能、风能、生物质能一样，除个别国家以外，目前在整个能源结构中的地位可以说是很小的。但就作为一种正在快速发展中的新能源，将日益发挥更大的作用。在太阳能、风能、潮汐能与地热能这几种新能源中，地热能的装机容量已占60%以上，年产能值则更是高达80%左右。显然，地热能已成为新能源大家族中最为现实的能源。

　　地热能是一种很有潜力，同时也是十分现实的新能源。如果从

🔍 地热能潜力无穷

1904年世界上第一次地热发电成功算起，地热能的商业性开发利用已有将近一个世纪的历史了。到1997年底，全世界已有46个国家在开发利用地热，地热发电总量已经达到4.4×10^{13}瓦·时/年，而地热直接利用也达到了3.8×10^{13}瓦·时/年。若分别以9%及6%的增长速率测算，到2020年全球地热发电及直接利用总量将分别达到3.18×10^{14}瓦·时及1.4×10^{14}瓦·时。地热热泵技术的采用为地热能的开发利用又打开了一个新窗口，因为该项技术可利用低至7℃～12℃的地下水作为热源，而这种温度的地下水在地球上（两极除外）几乎到处可见。

地热能是清洁的、廉价的能源，在未来新能源中将起着十分重要的作用。

（1）热泵

热泵是一种能从自然界的空气、水或土壤中获取低品位热能，经过电力做功，提供可被人们使用的高品位热能的装置。

（2）地下水

地下水是贮存于包气带以下地层空隙，包括岩石孔隙、裂隙和溶洞之中的水。地下水是水资源的重要组成部分，由于水量稳定，水质好，使其成为农业灌溉、工矿和城市的重要水源之一。但在一定条件下，地下水的变化也会引起沼泽化、盐渍化、滑坡、地面沉降等不利自然现象。

（3）地热发电

地热发电是利用地下热水和蒸汽为动力源的一种新型发电技术。其基本原理与火力发电类似，也是根据能量转换原理，首先把地热能转换为机械能，再把机械能转换为电能。地热发电实际上就是把地下的热能转变为机械能，然后再将机械能转变为电能的能量转变过程或称为地热发电。

04
地球内部的结构——地壳

🔍 地壳挤压现象

　　从地球的表面到地球的中心可分为地壳、地幔和地核三部分，统称为地球内部的圈层结构。

　　一只煮熟的鸡蛋，用刀把它切开，这个切开的面叫作剖面。从鸡蛋的剖面上，可以看出蛋壳、蛋白和蛋黄三个圈层结构。蛋壳很薄，是钙质组成的硬壳；蛋白较厚；蛋黄处于核心位置。地球内部的圈层结构，非常相似于鸡蛋内部的圈层结构，地球的地壳、地幔、地核，分别相当于蛋壳、蛋白和蛋黄。

地壳表面高低不平，起伏很大。陆地上最高的山峰——珠穆朗玛峰，高度为8848.13米，海洋里最深的海沟在海面以下11 033米，二者高差竟达2万米。同时，经测定，地壳与地幔的接触面也是高低不平的。这样一来，各地的地壳厚度就会大不相同了，大陆地壳的厚度平均为35千米，中国西藏地区地壳平均厚度为70千米，兰州52千米，青岛只有34千米。大洋地壳则比较薄，平均只有7千米。

地壳上的物质可分为上下两部分。上部的化学成分以硅和铝为主，称为硅铝层，平均厚度在10千米左右；下部地壳的化学成分以硅和镁为主，称为硅镁层。

（1）地壳

地壳是地球固体地表构造的最外圈层，整个地壳平均厚度约17千米，其中大陆地壳厚度较大，平均约为35千米。大洋地壳则远比大陆地壳薄，厚度只有7千米。

（2）地幔

地壳下面是地球的中间层，叫作地幔，这是地球内部体积最大、质量最大的一层。地幔又可分成上地幔和下地幔两层。

（3）地核

地核是地球的核心部分，位于2900千米深处以下直至地心。地核占地球总质量的16%，地幔占83%，而与人们关系最密切的地壳仅占1%而已。

05
地幔和地核

地壳之下为地幔，它们的分界面是南斯拉夫科学家莫霍洛维契奇（1857—1936）于1909年发现的，所以此分界面称为莫霍面。1912年，德国人古登堡（1889—1960）测得在深度为2900千米处存在着另一个界面，这是地幔与地核的界面，称为古登堡面。

从莫霍面到古登堡面之间的地带称为地幔，又叫中间层，厚度为2900千米。地幔的上部与下部有一定差异：上部地幔的温度为1200℃~1500℃，压

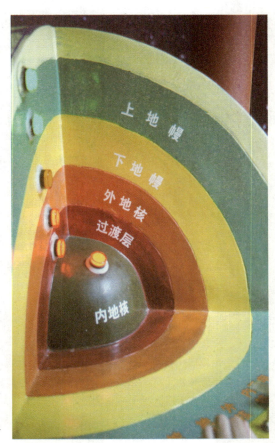

上地幔
下地幔
外地核
过渡层
内地核

🔍 地球模型

力为1.9~40万个大气压，物质成分为地幔岩，密度为3.32~4.6克/立方厘米；下部地幔的物质成分为金属硫化物和氧化物，密度更大一些，温度达到1500℃~2000℃，压力为40~150万个大气压（1个标准大气压=1.0336千克/平方厘米）。地幔占整个地球总质量30%。

从古登堡面（即地下2900千米）到地球中心的部分称为地核，厚度约3450千米，可分为外核和内核两部分，外核厚约2180千米，具流体性质，内核半径为1250千米，大概是固体。内核和外核主要由铁、镍物质组成，温度高达5000℃左右，压力可达360万个大气压，密度每立方厘米超过10克。

（1）莫霍洛维契奇

莫霍洛维契奇，南斯拉夫地震学家，生于克罗地亚。他发现了地壳和地幔之间的界面；后来这个界面就被命名为莫霍洛维契奇界面，简称莫霍面。

（2）古登堡

古登堡，犹太人，生于德国，地球物理学家、地震学家。他1930年移居美国，1914年指出地核的存在，并测定了地核界面（后命名为古登堡间断面）在地下2900千米附近。

（3）金属硫化物

金属硫化物可由硫与金属生成二元化合物，也可由硫化氢（或氢硫酸）与金属氧化物（或氢氧化物）作用生成。金属硫化物的水溶性：硫化钠、硫化钾等易溶于水，其他硫化物全不溶于水。

06
地球是个庞大的热库

　　地球内部蕴藏的热量是一种巨大的能源，它同煤、石油、天然气及其他矿产一样，也是一种宝贵的矿产资源。

　　根据科学测试了解到，从地面向下，随着深度增加，地下温度不断上升。一般来说，在地球浅部，每深入100米，温度升高3℃左右，到35千米左右的大陆地壳底部，温度可达500℃～700℃；在深为100千

　　○ 地球是个庞大的热库

米的地幔内部，温度达到1400℃；到2900千米以下的地核，温度可以达到2000℃～5000℃。有人估算过，整个地球大约拥有1.2×10^{31}焦耳热量，然而，人们是无法将这么庞大的热能全部开发出来的。美国科学家估算地表10千米以内所含热量大约为2.554×10^{26}～2.554×10^{29}焦耳，这一数字范围的下限，相当于目前世界上煤炭储量所能提供热量的总和的2000多倍。地热能的这个总量，有人认为则相当于煤炭总储量的1.7亿倍。因此，地热能量具有面广、干净、无污染、成本低、不间断、利用范围大等特点，是一种很有前途的待开发的能源。

（1）矿产

矿产泛指一切埋藏在地下的（或分布于地表的、或岩石风化的、或岩石沉积的）可供人类利用的天然矿物或岩石资源。

（2）矿产资源

矿产资源指经过地质成矿作用，使埋藏于地下或出露于地表、并具有开发利用价值的矿物或有用元素的含量达到具有工业利用价值的集合体。矿产资源属于非可再生资源，其储量是有限的。目前，世界已知的矿产有1600多种，其中80多种应用较广泛。

（3）焦耳

焦耳是英国物理学家，出生于曼彻斯特近郊的沙弗特。由于他在热学、热力学和电方面的贡献，皇家学会授予他最高荣誉的科普利奖章。后人为了纪念他，把能量或功的单位命名为"焦耳"，简称"焦"；并用焦耳姓氏的第一个字母"J"来标记热量。

07
地 热 田

在地质学里，将地壳中地热的分布分为3个带，即可变温度带、常温带及增温带。可变温度带，由于受太阳辐射热的影响，其温度有着昼夜、年度、世纪，甚至是更长的周期变化，其厚度大多数为15～20米；常温带，其温度变化幅度等于零，一般在地下20～30米；增温带，在常温带以下，温度随深度增加而升高，其热量主要来自地球内部热能，温度随深度的变化以"地热增温率"（即每深100米温度的增加数）来表示。各地的地热增温率差别很大，但一般每深100米，平均温度升高3℃，所

 地热能

以把这个增温率称为正常的地热增温率。

假如按正常地热增温率来推算，80℃的地下热水大致埋藏在2000～2500米左右的地方，显然要从这样的深度打井取水，无论从技术还是经济方面考虑都是不合算的。为此，人们要想获得地表以及地壳浅部的高温地下热水，就必须在地壳表层寻找"地热异常区"。我们通常所指的地热，主要就是来自这些"地热异常区"的地下热能。

在"地热异常区"，地壳断裂发育、火山爆发、岩浆活动强烈，地下深处的热能上涌，如果有良好的地质构造和水文地质条件，就能够形成富集热水或蒸汽的具有重大经济价值的"热水田"或"蒸汽田"（统称为地热田）。

（1）世纪

世纪是计算年代的单位，一百年为一个世纪。当用来计算日子时，世纪通常从可以被100整除的年代或此后一年开始。第一世纪从公元1年到公元100年，而20世纪则从公元1901年到公元2000年，因此2001年是21世纪的第一年。

（2）地热异常区

在各种自然因素（如地质构造、岩性、地下水运动特征、古气候条件、火山作用、岩浆活动和外成作用）影响下形成特殊热源时，地壳表部正常的温度状况便遭到破坏而形成地热异常区。

（3）水文地质

水文地质是研究地下水的科学。它主要研究地下水的分布和形成规律，地下水的物理性质和化学成分，地下水资源及其合理利用，地下水对工程建设和矿山开采的不利影响及其防治等。

08
地球内热的来源

🔍 地球内热的来源

　　地球开始形成的时候，曾经是个非常炽热的行星，在漫长的地质年代里，地球表面逐渐冷却，但内部仍保存了大量热能。

　　现在，人们还无法了解地球深处这个高温高压的神秘世界。据估计，地球的地心（即地核）是温度高达5000℃的熔岩。火山爆发时，地球内部几十千米深处的岩浆经过长途跋涉来到地面时，仍有1000℃以上的高温。美国石油工人曾钻了一口创纪录的深井、钻杆伸到地下

9000多米时，就被数百摄氏度的矿物质卡住而无法转动，再也无法向下钻进了。

地球在太空中转动时，每时每刻都在向宇宙散发热量。那么，如此巨大的热量释放出来，靠什么来维持？地球内热又是从哪里来的呢？

目前，地球科学家普遍认为，地球内部放射性元素衰变所释放的能量是地球内热的主要来源。

在地球内部的岩石中，往往含有铀、钍等放射性元素，这些元素在漫长的地质年代里会发生衰变。例如铀238→锶→氘→铅，与此同时放出大量的热能。因此，在富含放射元素的地区就会在局部范围内发生地热。

（1）熔岩

熔岩是已经熔化的岩石，以高温液体呈现，常见于火山出口或地壳裂缝，一般温度在摄氏700℃~1200℃之间，虽然熔岩的黏度是水的十万倍，但也能流到数里以外后才冷却成为火成岩。

（2）岩浆

岩浆是指地壳深处或上地幔天然形成的、富含挥发组分的高温黏稠的硅酸盐熔浆流体，它是形成各种岩浆岩和岩浆矿床的母体。

（3）衰变

衰变亦称"蜕变"，指放射性元素放射出粒子而转变为另一种元素的过程，如镭放射出α粒子后变成氡。

09
什么是放射性元素

什么是放射性元素？放射性元素怎样衰变呢？在人们已经发现的100多种元素中，大多数元素是"安分守己"的，然而少数元素则不然，它们总是不断自发地放射出几种射线，最后才变得"安分守己"，而成为稳定元素。也就是说，有些元素的原子核很不稳定，可以自行抛射出粒子来，这些高速度的粒子流被称为射线，所以人们把

🔍 水元素

这种元素叫作放射性元素。这个放射变化的过程在一般物理化学条件下，总是不停地、稳定地、有规律地进行着，这个过程叫作衰变。

不同的放射性元素有各自的蜕变速度，如放射性元素铀-235，每年将有1/14亿蜕变为铅-207；铀-238每年有1/90亿蜕变为铅-207；放射性元素钾-40每年有1/29.4亿蜕变为钙-40，或有1/236亿蜕变为氩；铷-32每年只有1/940亿蜕变为锶-87。这些放射性元素蜕变时，都要释放出大量的热能，而成为地球内部热能的来源。

除此之外，地球内热的来源还来自重力分异热、潮汐摩擦热、化学反应热等，但都不占主要地位。

（1）射线

射线是由各种放射性核素发射出的、具有特定能量的粒子或光子束流。反应堆工程中常见的射线有，x射线、γ射线和中子射线。

（2）原子核

世界上所有物质都是由分子构成，或直接由原子构成，而原子由带正电的原子核和带负电的核外电子构成，原子核是由带正电荷的质子和不带电荷的中子构成。

（3）重力分异

在放射性热的作用下，地壳下层物质熔化而引起重力分异作用，轻的物质上升，重的下沉，形成垂直流，引起地壳的垂直运动。

10
水热型地热资源

水热型地热资源

据计算，地球表面每年散发到大气里的热量相当于燃烧370亿吨煤所产生的热量，这个散热现象叫做大地热流。但是，大地热流是很分散的，目前还不能成为一种能源。只有经过某种地质过程加以富集的地热才能成为能量资源，这就是地热资源。

水热型地热资源就是以蒸汽为主的地热资源和以液态水为主的地热资源的统称。地热区储存有大量水分，水从周围储热岩体中获得了热量形成地热水。地热水的储量较大，约为已探明的地热资源的10%，温度范围从接近室温到高达390℃。地下热水往往含有较多的矿物盐分和不凝结气体。

水热型地热资源又可分为低温型和高温型两类。低温型一般为50℃～150℃（也有人把100℃～150℃称为中温地热），是常见的地热能，开发比较便利，用途广泛，天然温泉就属于这类。高温型水温在150℃以上，个别的高达422℃（意大利的那布勒斯地热田）。高温型多与火山或年轻的岩浆侵入体有关，一般具有强烈的地表热显示，如水热爆炸、高温间歇喷泉、沸泉、喷气孔、沸泥塘、冒气地面等，中国藏、滇一带的地热具有这种特征。

（1）室温

室温也称为常温或者一般温度，一般定义为25℃。有时会设为300K（约27℃），以利于使用绝对温度的计算。

（2）水热爆炸

水热爆炸是指饱和状态或过热状态的地热水因围压变化产生突发性汽化（闪蒸），体积急剧膨胀并爆破上覆松散地层的一种现象。

（3）沸泉

沸泉指温度约等于当地地表水沸点的地下水露头。沸泉的饱和温度是泉口海拔高程的函数。海拔升高时沸点降低，下降率并不十分恒定，但当高程低于5000米左右时，高程每增加303米，沸点降低1℃。

11

干热型地热资源

干热型地热资源可分为干蒸汽型和干热岩型。

干蒸汽型地热资源。地壳深部的热水，由于地下静压力很大，水的沸点也升高。高温水热系统处于深地层中，就是温度达到300℃，也是呈液体状态存在。但这种高温热水一旦上升，压力减小，就会沸腾汽化，产生饱和蒸汽，往往连水带气一道喷出，所以又叫"湿蒸汽系统"。如果含有饱和蒸汽的地层封闭很好，而且热水排放量大于补给

地热资源

量的时候，就会出现连续喷出蒸汽，而缺乏液态水汽，这就称为干蒸汽。如意大利的拉德瑞罗地热田。这类地热能比较罕见，但利用价值最高，一旦发现，往往立即可用于汽轮机发电。现有的地热电站中约有3/4属于这种类型。世界著名的美国加利福尼亚州盖塞尔地热电站、意大利的拉德瑞罗地热电站都属于这种类型。

　　干热岩型地热资源。地热区无水，而岩石温度很高（在100℃以上）。若要利用这种热能，需凿井，将地表中的水灌入地热区，使水同灼热岩体接触，形成热水或蒸汽，然后再提升到地面上来使用。美国墨西哥湾沿岸的地热区就是这种类型。

（1）沸腾

　　沸腾是指液体受热超过其饱和温度时，在液体内部和表面同时发生剧烈汽化的现象。液体沸腾的温度叫沸点。

（2）地热田

　　地热田是指在目前技术条件下可以采集的深度内，富含可经济开发和利用的地热流体的地域。

（3）地层

　　地层是地质历史上某一时代形成的层状岩石。从岩性上讲，地层包括各种沉积岩、火山岩和变质岩；从时代上讲，地层有老有新，具有时间的概念。

12

热 水 田

🔎 温泉

我们在报纸、杂志上经常见到"地热田"这个名词，例如中国西藏羊八井地热田。

那么，什么是地热田呢？简单地说：地热田就是地热集中分布，并具有开采价值的地区。目前，可以开发的地热田有两大类型：热水田和蒸汽田。

热水田。这一地区富集的主要是热水，水温一般在60℃～120℃之间。这里地下热水的形成过程大致可分为两种情况，即深循坏型和特殊热源型。

深循环型。大气降水落到地表以后，在重力作用下，沿着土壤、岩石的缝隙向地下深处渗透，成为地下水。地下水在岩石裂隙内流动过程中，不断吸收周围岩石的热量，逐渐被加热成地下热水。渗流越深，水温越高，地下水被加热后体积要膨胀，在下部强大的压力作用下，它们又沿着另外的岩石缝隙向地表流动，成为浅埋藏的地下热水，如果露出地面，就成为温泉。

特殊热源型。地下深处的高温灼热的岩浆沿着断裂上升，如果岩浆冲出地表，就形成火山爆发；如果压力不足，岩浆未冲出地表，而在上升通道中停留下来，就构成岩浆侵入体。这是一个特殊的高温热源，它可以把渗透到地下的冷水加热到较高的温度，而成为热水田中的一种特殊类型。

（1）羊八井地热田

羊八井地热田位于西藏拉萨市西北当雄县羊八井区西侧，距拉萨市约90千米，海拔4300米。此处地热活动十分强烈，有温泉、热泉、沸泉、热喷泉、硫质气孔、水热矿化及泉华等。1977年9月，利用浅层的湿蒸汽资源建成一座试验地热电站。

（2）温泉

温泉是一种地下自然涌出的泉水，其水温高于环境年平均温5℃。形成温泉必须具备地底有热源存在、岩层中具裂隙让温泉涌出、地层中有储存热水的空间三个条件。

（3）断裂

断裂是指岩层被断开或发生分裂。根据其发育的程度和两侧的岩层相对位错的情况把断裂分为三类：劈理、节理和断层。

13

蒸　汽　田

　　蒸汽田由水蒸气和高温热水组成，它的形成条件是：热储水层的上覆盖层透水性很差，而且没有裂隙。这样，由于盖层的隔水、隔热作用，盖层下面的储水层在长期受热的条件下，就聚集成为具有一定压力、温度的大量蒸汽和热水的蒸汽田。

　　蒸汽田按物质喷出井口的状态，又可分为干蒸汽田和湿蒸汽田。干蒸汽田喷出的是纯蒸汽，而无热水，例如意大利罗马西北面约180千米处的拉德瑞罗地热田，就是干蒸汽田，储集层内蒸汽的最高温度为310℃；湿蒸汽田喷出的是蒸汽与热水的混合物。干、湿蒸汽田的地质条件通常是类似的。有时，同一地热田在一个时期内喷出干蒸汽，在另一个时期喷出湿蒸汽。

　　到目前为止，世界各国多开发热水田，然而蒸汽田的利用价值更高一些。

　　新西兰1949年在怀拉开地热田建成世界上第一家湿蒸汽田地热电站，拥有地热井100多口，蒸汽温度达270℃，装机容量达20万千瓦。

地热区

（1）罗马

罗马为意大利首都，也是国家政治、经济、文化和交通中心，世界著名的历史文化名城，古罗马帝国的发祥地。1980年，罗马的历史城区被列为世界文化遗产。

（2）储集层

凡是可以储集和渗滤流体的岩层，称为储集层，它必须具有储存空间（孔隙性）和储存空间一定的连通性（渗透性），储集层能够储存和渗滤油气。

（3）新西兰

新西兰位于太平洋西南部，是个岛屿国家。其鹿茸、羊肉、奶制品和粗羊毛的出口值皆为世界第一。新西兰气候宜人、环境清新、风景优美、旅游胜地遍布、森林资源丰富、地表景观富变化，生活水平也相当高，排名联合国人类发展指数第三位。

14
地热资源的类型

　　把地热作为资源来说，它同其他资源，例如土地资源、森林资源、矿产资源一样，有一个数量和品位的问题。这里的"品位"是指含量的意思，例如某铁矿，品位为35%，即该矿石中含铁量为35%。

　　地热资源，则是指地壳表层以下，到地下3000～5000米的深度以内，聚集15℃以上的岩石和热流体所含的总热量。据估计，全球地热资源的总量约为2.554×10^{27}焦耳，相当于全球现产煤总发热量的2000多倍。中国著名的地质学家李四光曾指出："开发地热能，就像人类发现煤炭、石油可以燃烧一样，开辟了利用能源的新纪元。"

　　有人认为，既然地球内部的热能这么丰富，只要往地下深处一打钻，到处都可以发现地热，并且可以开发使用了。其实不然，就全球来说，地热资源的分布是很不平衡的。地热异常区在全球的分布是有规律的。现在的研究成果表明，它主要分布在地壳板块构造的接触带上。

　　地热按温度可划分为高温地热（150℃以上）、中温地热（90℃～150℃）、低温地热（25℃～90℃）三个类型。超过沸点的中、高温地热（蒸汽），不能直接利用，但可以用于发电。

（1）品位

品位指矿石中有用元素或它的化合物含量的百分率。含量的百分率越大，品位越高。据此可以确定矿石为富矿或贫矿。

（2）新纪元

新纪元是指新的历史阶段的开端，亦指某种具有重大意义的新的开始。毛泽东《矛盾论》："十月社会主义革命不只是开创了俄国历史的新纪元，而且开创了世界历史的新纪元。"

（3）板块构造

板块构造学说认为，地球表层（岩石圈）是由厚度大约为100~150 千米的巨大板块构成，全球岩石圈可分成六大板块，即太平洋板块、印度洋板块、亚欧板块、非洲板块、美洲板块和南极洲板块，各个板块间进行非常缓慢的移动，相互碰撞和分离。

🔎 地热资源

15

环球地热带

板块构造学说认为：地球表层的岩石圈不是一个整块，而是由几个不连续的厚约100千米的小块镶嵌而成的，这些小块称为"板块"。板块与板块之间由缝合线彼此连接。最初，人们把全球分为六大板块，即亚欧板块、非洲板块、美洲板块、太平洋板块、南极洲板块、印度洋板块。后来又从中分出16个小板块，如中国板块、土耳其板块等。

地热就分布在两板块之间的缝合带上及其附近。环球性的地热带主要有下列4个：

1.环太平洋地热带。它是世界最大的太平洋板块与美洲、欧洲、印度板块的碰撞边界。世界许多著名的地热田都分布在这个带上。如美国的盖瑟尔斯、长谷、罗斯福；墨西哥的塞罗、普列托；新西兰的怀腊开；中国的台湾马槽等。

2.地中海—喜马拉雅地热带。它是欧亚板块与非洲板块和印度板块的碰撞边界。世界第一座地热发电站意大利的拉德瑞罗地热田就位于这个地热带上；中国西藏羊八井及云南腾冲地热田也在这个地热带上。

3.大西洋中脊地热带。这是大西洋板块开裂部位。冰岛的克拉弗拉、纳马菲亚尔和亚速尔群岛等一些地热田，就位于这个地热带。

4.红海—亚丁湾—东非裂谷地热带。它包括吉布提、埃塞俄比亚、肯尼亚等国的地热田。

地热带

（1）云南腾冲

云南腾冲位于云南省保山市西南部，西部与缅甸毗邻。腾冲县是著名的侨乡、文化之邦和著名的翡翠集散地，也是省级历史文化名城。腾冲在西汉时称滇越，大理国中期设腾冲府。由于地理位置重要，历代都派重兵驻守，明代还建造了石头城，称之为"极边第一城"。

（2）冰岛

今日的冰岛已是一个享有高度生活水准的发达国家，拥有世界排名第一的人类发展指数。冰岛是联合国、北大西洋公约组织、欧洲自由贸易联盟、欧洲经济区、北欧理事会与经济合作与发展组织的会员国。

（3）东非裂谷

东非裂谷是世界大陆上最大的断裂带。据地质学家考察研究认为，大约3000万年以前，东非裂谷是由于强烈的地壳断裂，使得同阿拉伯古陆块相分离的大陆漂移运动而形成的。

16 中国的地热资源（一）

　　中国蕴藏着丰富的地热资源。据最新统计，目前已知的热水点有3430个（包括温泉、钻孔和矿坑热水），遍布全国。可以说在我们的脚底下，有着一个广阔无比的地下热水海洋。中国的地热资源大致呈两大密集带：一个是东部沿海带，另一个是西藏、云南带。

　　中国地热资源的特点是类型较多，有近期火山和岩浆活动类型、有褶皱山区断裂构造类型，中新生代自流水盆地类型。它们的形成主要受构造体系和地震活动的影响，与火山活动密切相关。按分布特点可划分为6个地热带。

　　藏滇地热带包括冈底斯山、念青唐古拉山以南，特别是沿雅鲁藏布江流域，东至怒江和澜沧江，呈弧形向南转入云南腾冲火山区。这一带，水热活动强烈，地热显示集中，是中国大陆上地热资源潜力最大的地带。这里发现温泉700多处，其中高于当地沸点的热水区有近百处。有人认为，西藏可能是世界上地热最丰富的地区。羊八井地热田发电站，位于拉萨附近，1985年已向拉萨开始送电。

（1）褶皱

岩层在形成时，一般是水平的。岩层在构造运动作用下，因受力而发生弯曲，一个弯曲称褶曲，如果发生的是一系列波状的弯曲变形，就叫褶皱。

（2）雅鲁藏布江

雅鲁藏布江是中国最高的大河，位于西藏自治区，也是世界上海拔最高的大河之一。其水能蕴藏量丰富，在中国仅次于长江。

（3）拉萨

拉萨作为西藏自治区首府，长期以来就是西藏政治、经济、文化、宗教的中心，是一座具有1300年历史的古城，海拔3650多米。1960年，国务院正式批准拉萨为地级市，西藏第一大城市，1982年又将其定为首批公布的24座国家历史文化名城之一。

地热泥浆

17 中国的地热资源（二）

台湾地热带。台湾地震十分强烈，地热资源非常丰富，主要集中在东、西两条强震集中发生区。北部大屯复式火山区是一个大的地热田，自1965年勘探以来，已有13个气孔和热泉区，热田面积50平方千米以上，已钻热井深300～1500米，最高温度290℃，地热流量每小时350吨以上，热田发电潜力可达$8×10^4$千瓦至$2×10^5$千瓦。

东南沿海地热带。包括福建、广东、浙江、江西和湖南的一部分地区。当地已有大量地热水露头，其分布受北东向断裂构造的控制，一般为中低温地热水，福州市区的地热水温度可达90℃。

山东—安徽庐江断裂地热带。这条地壳断裂很深，至今还有活动，初步分析该断裂的深部有较高温度的地热水存在，目前有些地方已有低温热泉出现。

川滇南北向地热带。主要分布在昆明到康定一线的南北向狭长地带，以低温热水型资源为主。

祁吕弧形地热带。包括河北、山西、汾渭谷地、秦岭及祁连山等地，甚至向东北延伸到辽南一带。该区域有的是近代地震活动带，有的是历史性温泉出露地，主要地热资源为低温热水。

地热湖

（1）热泉

热泉是指泉水温高于45℃而又低于当地地表水的沸点的地下水露头。目前在我国海域里尚未发现热泉。但我国制造的机器人已能潜到6000米深的大洋底作业，这给开展热泉探测研究提供了有利条件。

（2）秦岭

秦岭是横贯中国中部的东西走向山脉，西起甘肃南部，经陕西南部到河南西部，主体位于陕西省南部与四川省北部交界处，呈东西走向，长约1500千米，为黄河支流渭河与长江支流嘉陵江、汉水的分水岭。秦岭—淮河是中国地理上最重要的南北分界线，秦岭还被尊为华夏文明的龙脉。

（3）祁连山

祁连山位于中国青海省东北部与甘肃省西部边境，由多条西北—东南走向的平行山脉和宽谷组成，因位于河西走廊南侧，又名南山。山峰多海拔4000～5000米，最高峰疏勒南山的团结峰海拔5808米。

18
火山爆发

🔍 火山爆发

　　地壳内部的岩浆（高温的熔融状态的硅酸盐物质）从地壳薄弱地带、断裂处喷出来，称为火山爆发。火山爆发时喷出的岩浆或岩石碎屑，堆积成锥形山，就叫火山锥；火山物质喷出口，称为火山口。

　　"火山"这个词，最初来源于地中海上的意大利黎巴里群岛中的一个火山岛。后来凡是有类似现象的地方都称为火山。

地球上的火山通常有三类，即死火山、休眠火山和活火山。死火山是指那些保留火山形态和火山物质，但在人类历史时期和现今从未活动过的火山，这类火山在地球上的分布最广泛；休眠火山是指在人类历史时期有过活动，但现今处于"休眠"状态的火山；活火山则是指现今仍在活动的火山。目前已知地球上的活火山约有500多座，其中有1/10是海底火山。

火山爆发，既壮观，又凶猛；既带来了灾害，又带来了火山资源。"祸兮福所依"，在火山爆发这一自然现象中体现得十分清楚。

（1）熔融状态

常温下是固体的纯净物在一定温度下达到熔点变成液态物质，且此液态物质有液体的某些物理性质，那么这种新的状态叫作该物质的熔融状态。

（2）硅酸盐

硅酸盐指的是硅、氧与其他化学元素（主要是铝、铁、钙、镁、钾、钠等）结合而成的化合物的总称。它在地壳中分布极广，是构成多数岩石（如花岗岩）和土壤的主要成分。

（3）海底火山

海底火山是大洋底部形成的火山。海底火山的分布相当广泛，海底火山喷发的溶岩表层在海底就被海水急速冷却，犹如挤牙膏状，但内部仍是高热状态。尽管多数海底火山位于深海，但是也有一些位于浅水区域，在喷发时会向空中喷出物质。

19
祸兮福所依

　　火山爆发给人类带来的灾害已是众所周知的了，例如火山灰弥漫空中，污染空气，毁坏植被农田，引起火山地震、旋风、海啸等。然而，火山爆发也给人类带来宝贵的资源。首先，火山是科学考察的天然宝库，火山喷出物带来了地球深部的信息，为人类探索地球内部的奥秘打开了门路。其次，世界上许多火山区，如日本的富士山、美国的黄石公园、意大利的维苏威、法国的维希，中国的五大连池火山群、长白山天池等，都成了著名的公园和旅游疗养胜地。第三，火山

火山

岩中还蕴藏着许多有用的矿产，如黄金、玛瑙、冰洲石、沸石等。火山岩、浮岩、火山灰、火山渣等，都是很好的建筑材料。

火山爆发为人类带来了地热资源、温泉、矿泉等。火山活动带来的大量地热能，可供发电之用，在寒冷地区可直接用作房屋取暖，农作物温室供热、家庭用热水，以及农牧渔业产品的烘干和加工。

中国台湾的火山温泉很多，遍布南北各地，有80多处，最负盛名的有北投温泉、阳明山温泉、关子岭温泉和四重溪温泉。这四大温泉被誉为台湾四大温泉区，除供人们游览、沐浴外，还可医治各种慢性疾病，为家庭取暖和农业温室供热。在工业上因温度稳定，也用来干燥木材等。

（1）火山灰

火山灰是指由火山喷发出而直径小于2毫米的碎石和矿物质粒子。在爆发性的火山运动中，固体石块和熔浆被分解成细微的粒子而形成火山灰。它具有火山灰活性，即在常温和有水的情况下可与石灰反应生成具有水硬性胶凝能力的水化物。

（2）富士山

富士山是日本第一高峰，2002年8月，经日本国土地理院重新测量后，为3775.63米，接近太平洋岸，东京西南方约100千米，是世界上最大的活火山之一，目前处于休眠状态，但地质学家仍然把它列入活火山之类。

（3）黄石公园

黄石公园是世界第一座国家公园，成立于1872年。黄石公园位于美国中西部怀俄明州的西北角，面积达8956平方千米。这片地区原本是印地安人的圣地，但因美国探险家路易斯与克拉克的发掘，而成为世界上最早的国家公园。它在1978年被列为世界自然遗产。

20
温泉是怎样形成的

温泉是一种温热或滚烫的泉水。目前，科学界认为温泉的最低温度不得少于20℃，否则不能称为温泉。德国和英国定义温泉的标准为高于20℃，日本则为25℃，中国一般也将25℃作为温泉的下限温度。

温泉是怎样形成的呢？温泉是大气降水渗入地下，在深处加热以后再上升溢出地表形成的。在地下深处，为地下水加热的因素较多，下面分别加以叙述。

 腾冲温泉谷

地热梯度的变化可使地下水增温。依地壳的平均地温梯度，按每深1000米地温增加30℃计算，地下水只要到达3000米以上深度，水温就可上升到90℃以上；如果到达5000米以上深度，水温则可能高达150℃左右。由此可见，深循环对高温热水生成的重要性。另外，如果地温梯度增大为正常的3倍，即90℃/千米，则地下水只要深入地下1000米以上，就可能达到100℃左右；如果深入地下2000米以上，水温就可能接近200℃；由此可见，异常的地温梯度更有利于高温热水的生成。

（1）泉

泉是指地下水天然出露至地表的地点，或者地下含水层露出地表的地点。根据水流状况的不同，可以分为间歇泉和常流泉。

（2）大气降水

大气降水指从天空的云中降落到地面上的液态水或固态水，如雨、雪、雹等。降水的条件是在一定温度下，当空气不能再容纳更多的水汽时，就成了饱和空气。空气饱和时如果气温降低，空气中容纳不下的水汽就会附着在空气中以尘埃为主的凝结核上，形成微小水滴——云、雾。云中的小水滴互相碰撞合并，体积就会逐渐变大，成为雨、雪、冰雹等降落到地面。

（3）地热梯度

地热梯度即地热增温率，指地球表面上的地温随深度增加而升高的数值。地热增温率平均每深33米，温度约升高1℃。这一增温率至地下深处（地幔）时，则不按此规律进行。

21
异常地热梯度的形成

那么异常地热梯度是怎样形成的呢?

火山喷发地区，常形成地热梯度的增高。地下深处的高温灼热的硅酸盐熔融物质（即岩浆）在地壳薄弱地带、断裂明显地带、构造运动剧烈的地带集中，甚至在某些地区大量集中，从而形成岩浆库，这样就会使岩浆库周围的岩石、地下水的温度升高，便可造成该地区地温发生异常，从而构成异常地热梯度。这些热水到达地表便成为高温温泉，这是活火山区和第四纪（最近180万年内）火山区时常出现高温温泉的原因。

 煤炭转运场

另外，新造山带、新变质区和快速上升的山脉也常常遍布温泉，原因是这些地区也都具有破碎的岩层、理想的地质构造、起伏较大的地形，以及异常的地热梯度。

然而，如果具备上述条件而缺少降雨和丰富的地下水，结果仍然无法形成地下热水和温泉，所以"水"也是温泉形成的一个必要条件。

要形成温泉，必须有适当的地形、地质条件，如多孔隙或裂隙的岩层、断裂构造的存在、高山深谷起伏较大的地形，充足的降水量与地下水，以及异常的地热梯度等。

（1）岩浆库

岩浆库又称岩浆房，是地壳中储集岩浆的场所。岩浆房有深部岩浆房和高位岩浆房。后者指岩石圈浅层部位蓄积岩浆的地方，其规模直径达几千米或几十千米，大小不一。在火山临近喷发前，岩浆库中的岩浆向地面运移，会引起地球物理场的变化。

（2）造山带

造山带是地球上部由岩石圈剧烈构造变动和其物质与结构的重新组建使地壳挤压收缩所造成的狭长强烈构造变形带，并往往在地表形成线状相对隆起的山脉。

（3）孔隙

广义的孔隙是指岩石中未被固体物质所充填的空间，也有人称之为空隙，包括狭义的孔隙、洞穴和裂缝。其中狭义的孔隙是指岩石中颗粒间、颗粒内和充填物内的空隙。岩石中的孔隙有的是相互连通的，有的是孤立的。

22
温度不同的温泉

🔎 温泉

　　地球上的温泉很多，无论是温泉本身的温度，还是它所含有的化学成分，以及它冒出地表时的形态，都是多种多样的。因而，温泉类型的划分就随其标准不同而不同，如按温度可分为沸泉、热泉、温泉等；按矿物成分又可把温泉分为单纯泉、碳酸泉等。

　　自然界中，泉水的温度高低悬殊。一般说来，当泉水的温度高于当地全年平均气温时，就称为温泉；低于当地全年平均气温时，就叫冷泉。

温泉的温度有高有低，大小不同。有的温泉不冷不热温暖宜人。而不少温泉却是高温灼人的，人们根据温度的高低，对温泉进行划分。

沸泉。泉水温度等于或高于当地水的沸点，海拔高的地区，水的沸点低于100℃，一般地区水的沸点就是100℃。

热泉。泉水温度在沸点以下，45℃以上。

中温泉。泉水温度在45℃以下，年平均气温以上。

世界上的温泉，水温多为热泉和中温泉。中国的热泉和中温泉占温泉的90%以上，分布也十分广泛。大多数温泉疗养院都在热泉和中温泉附近修建。

（1）单纯泉

单纯泉是指无色无味，呈透明状，是日本分布最广泛的泉水。由于泉水中含有的成分较少，性质温和，对皮肤刺激性小，故适合老人或皮肤敏感者浸泡。单纯泉对消除疲劳，减缓精神压力，对神经痛、肌肉痛、腰痛、便秘、风湿性疾病等具有改善作用。

（2）碳酸泉

碳酸泉也称二氧化碳泉，是指在1升水中，碳酸气的含量在1克以上。自古以来，浸泡和饭用天然碳酸泉水有健体美容功效。在欧洲，天然碳酸泉被称为健康之汤，犹如健康保险一样，深受信赖。

（3）疗养院

疗养院是提供物理治疗（如水疗，光疗），并配合饮食、体操等疗法以帮助病人恢复健康的医疗机构，一般设在具有某种天然疗养因子的、自然环境比较清静优美的疗养地（区），而医院一般设在城镇人口比较密集的地区或厂矿企业事业单位比较集中的地区。

23

成分不同的温泉

　　根据泉水中溶解物质的不同，有人将温泉划分为单纯泉、碳酸泉、重碳酸盐泉、硫酸盐泉、食盐泉、硫黄泉、放射性泉、铁泉等。

　　单纯泉。水温多在25℃以上，水中所含矿物质很少，每升水中含有各种矿物质的总量低于100毫克。这种温泉在中国分布广泛，著名的西安华清池就是此类温泉。

　　碳酸泉。在1升水中含游离二氧化碳达750毫克的泉水。中国大地上碳酸泉很多。根据温度的不同又分低温碳酸泉和高温碳酸泉。中

🔍 成分不同的温泉

国辽宁、吉林、黑龙江、内蒙古、甘肃，以低温碳酸泉为主，泉水温度在25℃以下，泉水清凉甘洌，很像汽水，所以又称天然汽水泉；在云、川、藏、粤、台湾及新疆等地，以中、高温碳酸泉为主，泉水温度在25℃以上。

重碳酸盐泉。每升水中含重碳酸盐多达1000毫克以上。

硫酸盐泉。每升水中含硫酸盐在1000毫克以上。这类泉多出现在火山地区。

硫黄泉。水中含有硫黄成分的泉水，一般每升水中含量在1毫克以上。

此外，还有硫化氢泉、放射性泉，每升水含有20毫克以上的氡气，即为放射性氡泉。

（1）硫黄泉

硫黄泉是矿泉的一种，泉水中含有硫化氢，通常形成天然的温泉，用这种泉水洗澡，有治疗皮肤病的作用。硫黄泉又称硫化氢泉，因为硫黄泉的主要成分为硫化氢。其显著特点是走近温泉，即可闻到臭蛋气味。

（2）游离二氧化碳

游离二氧化碳是指溶于水的二氧化碳。水体中的二氧化碳来自有机物的分解剂接触空气时的吸收等过程。其溶解度与温度、压力等有关。游离二氧化碳能使碳酸钙变成可溶性重碳酸盐，此时的游离二氧化碳被称为侵蚀性二氧化碳。对混凝土与金属有破坏作用，特别是与氧共存时，对金属的侵蚀性更强。

（3）氡泉

氡是一种惰性气体，它广泛存在于人类生活和工作环境中，在自然界通过岩石裂缝、土壤间隙、地下水源（包括温泉）不断向大气中转移和释放。"氡泉"在矿泉医疗保健疗法中，有很重要的地位。

24
奇异的喷泉

温泉涌出地表时的形态千奇百怪，形成了一道绚丽的风景。通常我们在温泉疗养院里看到的温泉，总是那样溪流潺潺，恬静而舒适。然而，自然界中的温泉却是形态各异，有的喷涌而出，呼啸不已，有声有色，极为壮观；有的间歇式喷发；有喷气的，也有连气带水一起喷出的；还有的喷出泥浆，有喷气孔，还有硫质气孔等。

从喷发形式上看，有喷泉、间歇喷泉、爆炸泉、沸泥泉等，若以它喷出的气、水成分看，有的以冒气为

 喷泉

主，有的以冒水为主，还有水、气二者兼有的两相泉。

喷泉，顾名思义，是水、气以喷射的方式冲出地面，喷出高度由几米到十几米以上。中国西藏念青唐古拉山南麓，拉布藏布河右岸的南木林、毕龙高温喷泉，其主泉口泉水喷出高度达10米，气势磅礴，非常壮观。这里喷泉的水温多在沸点以上，只有少数喷泉水温低于沸点。间歇喷泉和爆炸泉是极为罕见的显示类型。在美国黄石公园内，约有200个间歇喷泉，其中最著名的间歇泉就是老实泉了。它信守时间，每隔64.5分钟喷射一次，每次喷射历时4.5分钟，水柱高达56米，喷出水量4.164万升。老实泉喷发前水温高达95.6℃，这里海拔较高92.8℃的水就沸腾（开水）。

（1）间歇泉

间歇泉是间断喷发的温泉，多发生于火山运动活跃的区域。有人把它比作"地下的天然锅炉"。在火山活动地区，熔岩使地层水化为水汽，水汽沿裂缝上升，当温度下降到汽化点以下时凝结成为温度很高的水，每间隔一段时间喷发一次，形成间歇泉。

（2）唐古拉山

"唐古拉"为藏语，意为"高原上的山"。唐古拉山位于中国西藏，是青藏高原中部的一条近东西走向的山脉。山脉高度在6000米左右，最高峰各拉丹冬海拔6621米，唐古拉山（峰名）6099米。

（3）老实泉

老实泉，世界上第一个国家公园——黄石国家公园内的一口大型间歇式热喷泉。因喷发间隔和持续时间十分有规律（平均每隔66分钟喷发一次，每次2～5分钟）而得名。

25
沸泥泉和喷气孔

　　沸泥泉是由于高温热流将通道周围的岩石蚀变成黏土，然后与水汽一起涌出地面而形成的一种高温泥水泉。有的泉水冲力较小，黏土被带到泉口后，堵塞在泉口四周，而水汽流量又难以冲开这些黏土，只是由于水汽的冲力，使黏土呈上下鼓动状态，好似沸腾的面糊。这种沸泥泉在中国西藏的错美县布雄朗古，萨迦县的卡乌地区都有。

　　以冒气为主的喷气孔和硫质气孔，也是重要的显示类型。喷气孔指

🔍 沸泥泉

气体通过明显的孔隙逸出地表，如果无数小的冒气孔密集在一起，便形成冒气地面。若气孔比较大，即形成气洞、气穴，洞、穴往往成喇叭形或瓮形，直径约有数米，深度多在2～5米不等。硫质气孔系指喷出的气体含有浓烈的硫黄味，这种气体沿裂隙喷出地表时，在冒气孔周围常形成硫黄晶体。

热水河、热水湖、热水塘、热水沼泽，实际上都是由众多密集的泉眼涌出大量泉水后汇集而成，这在中国的西藏比较多见。以热水湖为例，羊八井热水湖面积达7350平方米，最深为16.1米，水温在45℃～57℃，是少见的大型热水湖。这些大面积的地热显示说明地下有极为丰富的地热资源可供开发利用。

（1）蚀变

蚀变是指岩石、矿物受到热液作用，产生新的物理化学条件，使原岩的结构、构造以及成分相应地发生改变生成新的矿物组合的过程。

（2）黏土

黏土是指含沙粒很少、有黏性的土壤，水分不容易从中通过。黏土一般由硅酸盐矿物在地球表面风化后形成。在生产上，黏土具有保肥、保水的特性。

（3）热水河

热水河是由沟谷出露处的泉水汇流成河，河水流量沿途不断扩大，这种地热显示大者称热水河。热水河在西藏相当普遍，比较典型的如察雅县曲真热水河，那曲县索布查热水河等，其流量均在500升/秒以上。

26
低温地热的综合利用

🔎 地热利用

　　低温地热是指100℃以下的地热水。人们利用地热是从利用低温地热水开始的。

　　中国是最早利用天然地热的国家之一。据史书记载，前500—前600年以前的东周时代，人们就知道利用地下热水洗浴治病和灌溉农田，还能从热泉中提取硫黄等有用物质。到了500年左右，南北朝的郦道元在《水经注》中明确写道："大融山石出温汤，疗治百病"。在欧洲，意大利至今还保存着古罗马利用地热的遗迹。世界上凡有温泉出露的地方，到处都有低温地热利用的历史。直到今日，整个世界地热利用的规模仍然是低温地热占优势。据20世纪90年代的统计，世界各国低温地热直接利用的能量，折算成发电能力大约为720万千瓦，合240亿千瓦小时的电，其中日本、匈牙利、冰岛、法国和中国的用量最大，直接利用的容量约为34万千瓦。

按低温地热的温度梯级和当地的需要不同，可以综合开发，一水多用。即从地热水出口的较高温度开始，逐级取热。例如，有的地方先把地热水用于采暖、干燥，然后用于温室、养殖，而后用于洗浴、疗养，最后作农田灌溉等用。

（1）史书

史书指古籍中专门记载历史的书。我国的史书种类很多，大致可以分为下列几种：正史、别史、野史等。史书未必一定能如实纪录历史，而是收集各地事件，再编集成书。中国王朝历史的真实性一直受到质疑，被指是统治者的治国工具。

（2）东周

东周（前770—前256）是指周朝的后半段。周王室东迁洛邑以后到灭亡这段时间，历史上称为东周。东周首位君王为周平王，历时515年，最后为秦所灭。东周前半期，诸侯争相称霸，持续了二百多年，称为"春秋时代"；后半期，剩下的诸侯大国继续互相征战，称为"战国时代"。

（3）郦道元

郦道元（约470—527），字善长，汉族，范阳涿州（今河北涿州）人，北朝北魏地理学家、散文家。其撰《水经注》四十卷，文笔隽永，描写生动，既是一部内容丰富多彩的地理著作，也是一部优美的山水散文汇集。郦道元可称为我国游记文学的开创者，对后世游记散文的发展影响颇大。

27

地热供暖

　　在有地热资源的地方，采用地热供暖是十分必要的，它比烧锅炉供暖要好得多，不仅节约煤炭等燃料，而且有利于改善环境，防止烟尘污染。中国的北京、天津已开展了大量的地热采暖试验，效果十分明显。冰岛天气严寒，主要靠地热采暖。大面积的地热供热。一般集中开采地热，通过换热，经调峰站集中供热。若不进行其他综合利用，则将换热后的地热水集中回灌地下，以免地热水中的有害物质污

 地热可以用来供暖

染地表。

地热温室实际上是以地热为主要热源采暖。其采暖方法可分为热水采暖、热风采暖和地下采暖。热水采暖一般用60℃～70℃的地热水，可以直接用管道输送到温室，然后通过均匀放置的散热片供暖，就像普通的水暖设备一样。热风采暖是将地热水送到空气加热器，将空气加热，并将这种被加热后的空气吹入温室采暖。地下采暖是在温室的地底下均匀地预先埋好塑料导管，导管与地下热水管接通。需要采暖时，打开阀门，把地热水流经导管，借此以提高温室的地温，有利于植物生长。

此外，还可以利用低温地热水进行水产养殖，温泉水医疗等。

（1）烟尘

烟尘是燃料燃烧产生的一种固体颗粒气溶胶。它的主要成份是二氧化硅、氧化铝、氧化铁、氧化钙和未经燃烧的炭微粒等。由于粉尘粒子表面附着各种有害物质，它一旦进入人体，就会引发各种呼吸系统疾病。

（2）散热片

散热片又称为暖气片，是北方取暖的设备之一。水蒸气在暖气片中以对流的形式将热量传给暖气片，暖气片通过自身的导热，将热量从内壁传到外壁，外壁以对流的方式加热空间的空气，使房间的温度升高到一定的温度。

（3）温室

温室又称暖房，能透光、保温（或加温），用来栽培植物的设施。在不适宜植物生长的季节，能提供生育期和增加产量，多用于低温季节喜温蔬菜、花卉、林木等植物栽培或育苗等。

28
温泉与治病

地热理疗

　　人类对温泉的利用，首先是从它的"温"字开始的。据医学家们研究，温泉之所以能治病，主要取决于温泉的温度、含有价值的矿物质及温泉水的物理性能。

　　热，对人体具有舒筋活血、化淤消肿的功能。对于人体来说，不同温度的泉水，具有不同的刺激作用。一个健康的人，皮肤的温度一般在34℃左右，如果超过这个温度，就有热的感觉，低于这个温度则有冷的感觉。热能刺激毛细血管的扩张，降低神经的兴奋性；冷，能使毛细血管收缩，促进血液循环，引起神经的兴奋；而温和的泉水，对神经功能具有镇静作用，对动脉硬化、高血压、脑溢血后遗症、半身不遂等病人的功能恢复，都有较好的疗效。

在进行温泉浴时，泉水的温度是很重要的。不同的病情，要求不同的温度，否则就达不到预期的效果。

此外，温泉中所含有价值的矿物质是温泉治病的主要因素。经分析，来自地层深处的热水，在岩层中溶解有碳酸盐、硫酸盐、钠、钾、钙、镁、硫、铁等物质及微量元素氡、氦等，温泉水的化学成分不同，对疾病所起的医疗作用也很不一样。

（1）矿物质

矿物质是人体内无机物的总称，是地壳中自然存在的化合物或天然元素。矿物质和维生素一样，是人体必须的元素，矿物质是无法自身产生、合成的，每天矿物质的摄取量也是基本确定的，但随年龄、性别、身体状况、环境、工作状况等因素有所不同。

（2）毛细血管

毛细血管是极细微的血管，管径平均为6～9微米，连于动、静脉之间，互相连接成网状。毛细血管几乎遍布全身。毛细血管壁薄，管径较小，血流很慢，通透性大。其功能是利于血液与组织之间进行物质交换。

（3）脑溢血

脑溢血指非外伤性脑实质内血管破裂引起的出血，最常见的病因是高血压、脑动脉硬化、颅内血管畸形等，常因用力、情绪激动等因素诱发，故大多在活动中突然发病，临床上脑出血发病十分迅速。它起病急骤、病情凶险、死亡率非常高，是目前中老年人致死性疾病之一。

29

含矿温泉治病

　　氡气温泉，其水中所含的氡气是放射性镭在蜕变过程中产生的一种放射性气体。浴用或是饮用这种泉水，氡元素便会进入人体，其放射性能，可调节心脏血管系统和神经系统的功能，起到降低血压、催眠、镇静、镇痛的作用，对神经炎、关节痛、糖尿病、皮炎等也有一定的疗效。通过氡泉浴，还能调节内分泌功能，对于内分泌紊乱等疾病，均有医疗作用。

　　硫酸盐温泉，由于水中含有硫酸根离子和其他钙、镁、钠离子，具有消炎作用。饮用可治疗慢性肠炎、腹泻。

　　氯化钠温泉水中所含有的钠，对肌肉收缩、心脏的正常跳动，都

🔍 温泉可以治病

是不可缺少的重要元素。饮用这种泉水，可帮助消化，增进饮食。对慢性肠胃炎、十二指肠溃疡疗效较好。古人称此类温泉具有"身体洗涤作用"。

碳酸泉水中富含有二氧化碳，饮时清凉舒适。经常饮用，可改善肠胃的消化功能，增进身体健康。

硫化氢泉水中的有效成分是游离的硫化氢气体，用这种泉水洗浴，能使血流加速，改善组织营养，浴后伤口肉芽、上皮生长都较快。

温泉除其温度和化学性能外，泉水的物理刺激对疾病也有一定的疗效。人浸泡在温泉水中，泉水的压力和浮力有利于肢体关节功能的训练，使肢体功能得以恢复。

（1）催眠

催眠是由各种不同技术引发的一种意识的替代状态。此时的人对他人的暗示具有极高的反应性，是一种高度受暗示性的状态。并在知觉、记忆和控制中做出相应的反应。虽然催眠很像睡眠，但睡眠在催眠中是不扮演任何角色的，因为如果人要是真的睡着了，对任何的暗示就不会有反应了。

（2）神经炎

神经炎是指神经或神经群发炎衰退或变质。其症状随病因而有所不同，一般症状是疼痛、触痛、刺痛、受感染的神经痛、丧失知觉感染部分红肿以及严重的痉挛。

（3）皮炎

皮炎和湿疹常作为同义词用来指一种皮肤炎症，代表皮肤对于化学制剂、蛋白、细菌与真菌等物质的变应性反应。皮炎主要由不良生活习惯引起的，如常用过热的水洗脸，或过频地使用香皂、洗面奶等皮肤清洁剂，平时不注意对紫外线的防护等。

30

温泉疗法（一）

🔍 浴疗

　　我们的祖先最早是用温泉水洗澡，后来又饮用泉水。到了近代，随着温泉在医疗上的广泛应用，又增加了蒸疗、拔罐、沙浴、吸入疗法、肠浴疗法等。

　　浴疗，是古今最普遍的一种温泉疗法。根据病人的病情、体质状况，采用不同温度的泉水进行浸浴和淋浴。浸浴即把身体的全部或局部浸入水中，每天泡浴一定时间，连续数日为一疗程。浸浴刺激作用大，疗效好。淋浴由于泉水与皮肤接触时间短，而一些有效气体又易散失，因此，应用不如浸浴广泛。

　　饮疗，为肠道病人常用的方法。饮用含不同化学成分的泉水，通过泉水的刺激和渗透压的作用来消除炎症，改善呼吸系统和消化系统的功能，促进新陈代谢。

　　蒸洗疗法，是利用喷气泉喷出的热气，对病人进行以蒸为主、蒸洗结合的治疗办法。中国云南腾冲疗养院首创了这一方法。他们在喷气地面上，先铺上一层石块、细沙，上面再铺上一层3～5厘米厚的松毛，松毛上面是草席，热气经过这几层隔垫以后，可使温度降到40℃～50℃，病人躺在上面，经过40分钟的熏蒸以后，马上大汗淋漓。然后到温泉池进行浴疗，进行10分钟左右，持续40天为一疗程，对风湿性疾病和急慢性腰腿疼痛疗效明显。

（1）蒸疗

　　蒸疗养生运用充沛温和的蒸汽热力，从最薄弱的环节入手，热量通过体表传导至内脏，疏通全身经络系统，促使毛细血管扩张血液及淋巴液循环加快，新陈代谢加强，出汗排毒，使机体营养得到改善，活力得到增强。

（2）沙浴

　　沙浴对人体的治疗作用主要是通过沙子的温热刺激与沙子重量对人体表皮压力的机械作用来实现的。沙浴疗法具有促进血液循环、加快新陈代谢、增进皮肤健康等多种功效。

（3）拔罐

　　拔罐又名"火罐气""吸筒疗法"。这是一种以杯罐作工具，借热力排去其中的空气产生负压，使吸着于皮肤，造成瘀血现象的一种疗法。新中国成立以后，由于不断改进方法，使拔罐疗法有了新的发展，进一步扩大了治疗范围，成为针灸治疗中的一种重要疗法。

31
温泉疗法（二）

拔罐疗法。将蒸汽充入罐子内，然后迅速扣到病人的疼处或某个穴位上，罐内热气冷却收缩后，罐子就紧紧吸在皮肤上，它的作用类似通常所用的拔火罐。

沙浴疗法。有些温泉附近的沙上、泥土，具有一定的温度或含有一定的矿物质，加上沙土本身的压力，具有刺激性，可治疗许多疾病。

温泉水吸入法。通常是用吸入器将温泉水喷射成雾状，病人将

🔍 泡温泉

口、鼻对准喷雾器做深呼吸。这种疗法多利用硫化氢温泉，对慢性气管炎疗效较好。

肠浴疗法。将泉水灌入肠内，主要治肠道炎一类的病症。

目前，许多疗养院将浴疗、饮疗结合起来，取得良好的效果。有的疗养院将蒸浴、沙浴等结合起来，疗效更好。

利用温泉治病，既经济又简单，不需用特殊的器械，一向为人们所欢迎。在中国利用温泉治病已有悠久的历史，而今更得到了较大的发展。

近年来，在广大牧区也开始用温泉水给牲畜治病，并取得良好的效果。其方法是在为人类治疗方法的基础上，针对牲畜灵活应用。

（1）慢性气管炎

慢性气管炎多发生在中年人年龄组，病程缓慢，多在寒冷季节发病。出现咳嗽及咳痰的症状，尤其清晨最明显。本病早期多无特殊体征，大多数在肺底部可听到湿性和干性罗音，有时咳嗽或咳痰后消失，长期发作者可导致肺气肿。

（2）穴位

穴位是人体脏腑经络之气输注出入的特殊部位，既是疾病的反应点，又是针灸临床的刺激点。进一步可分为经穴、经外奇穴、阿是穴和耳穴四类。

（3）牧区

牧区是以广大天然草原为基地，主要采取放牧方式经营饲养草食性家畜为主的地区。中国牧区主要分布在内蒙古、青海、新疆、西藏、宁夏，以及甘肃和四川西部地区。

32
长白山温泉

🔍 长白山温泉

　　长白山是一座年轻的活火山。因为最后一次于1703年喷发，距今300来年，至今长白山仍有内热外流现象。星罗棋布的长白山温泉群是地热异常的直接而明显的标志之一。

　　长白山温泉群主要包括长白温泉、梯云温泉、抚松温泉、长白十八道沟温泉、安图药用泉、天池西侧的金线泉、玉浆泉等。那些未冷凝的火山物质和侵入的岩浆体是使地下水加热的强大热源，深部矿水沿裂隙涌出地表而形成温泉。

　　长白温泉，由30多个泉眼组成，终年蒸汽弥漫，散发着带有硫黄气味的热气，水温高达82℃，可以煮熟鸡蛋。因泉水中含有较多的硫化氢，温泉底部常有许多气泡向上翻滚，并发出开锅似的响声，泉水流出后在泉边形成黄色的硫华、石灰华。这种泉水对治疗关节炎、胃病、皮肤病等疗效很高。有诗赞曰:"天池游罢下群峰,游兴未减倦意浓,更喜温泉池水净,飞尘浴后一身轻。"

梯云温泉,位于长白山西侧,锦江上源梯河畔,不到10平方米的面积内就有7个泉眼,水温60℃左右,为重碳酸钠型水,"热达沸点,名洗眼汤,江岸汤池,曰汤泉。"

抚松温泉,水温达61℃,泉水含氡较高,对治疗风湿性关节炎、神经性疾病和外伤后遗症等有效果。

此外,安图县的药水泉含游离的二氧化碳、重碳酸根镁、钠、钙等矿物质,能治消化不良、便秘等症。

(1) 长白山

长白山是一条西南—东北走向绵延上千公里的一系列山脉,号称"东北屋脊",横亘于中国的吉林、辽宁、黑龙江三省的东部及朝鲜两江道交界处。

(2) 硫华

硫华是指火山区和高温水热活动区的喷气孔内壁和口垣上的针状或粒状硫磺晶体聚积。硫华层层叠叠,艳若黄花。硫可能来源于火山和岩浆活动。中国硫华见于五大连池、长白山天池和卡尔达西等火山区,以及西藏南部、四川省西部、云南省西南部和台湾省北部等一些高温水热活动区。

(3) 石灰华

石灰华属于石灰石和大理石,一般是奶油色或淡红色,由温泉的方解石沉积而成。因水流从沉积的废石灰渣堆中流出,溶解石灰渣中的钙,重新堆积而成。这些堆积物中有许多孔洞,这些孔洞可以存、吸水。

33
辽宁汤岗子温泉

　　汤岗子温泉位于辽宁鞍山市南15千米，娘娘山脚下，这里有中国规模最大的温泉疗养院，也是中国四大康复中心之一。

　　汤岗子的矿泉水、热矿泥蕴藏丰富。热矿泥为国内少有，埋藏于上更新世沉积层上部，深度达40米，分布范围比矿泉水面积大2.5倍。

　　汤岗子原有18处温泉，泉水从地下花岗岩裂隙中涌出，每天涌水量达1000多吨，水温为57℃～72℃。现在人工插入地下5根铁管代替

　🔎 泥浆池

天然泉眼，泉水沿着碗口大的铁管向上喷涌，只见晶莹透彻的泉水，凭着地下自然的压力，翻滚着水花，好看极了。铁管将地下泉水引上来，先储存到水库里，再抽上水塔，然后送到医疗室及病房，供全院的医疗和部分取暖、洗涤用。

汤岗子温泉水清透彻，无色无味，含氡、氟、二氧化硅、纳、硫酸根和氮气等。氡气是一种具有微弱放射性和惰性气体，是镭在放射蜕变过程中的产物。含氡的矿泉水有较高的医疗价值。泉水和泥矿内还含有钨、钼、锗、钒、碘、铅等20多种元素，还有镭、铀等微量放射性元素，对风湿性和类风湿性关节炎、脊椎炎、肩周炎、皮肤病、老年病、神经性疾病都有疗效。

（1）热矿泥

热矿泥是温泉底部的黏性淤泥，汤湖温泉和热矿泥，含有60余种人体必需的微量元素，对治疗风湿、类风湿、关节炎、肩周炎、神经痛和骨折后遗症等60余种疾病和健体强身、减肥美容均具有独特的辅助作用，有"天下第一奇泥"之美誉。

（2）更新世

更新世是指第四纪的第一个世，距今约260万年至1万年。更新世冰川作用活跃。该时期地层中所含生物化石，绝大部分属于现有种类。更新世中期是全球气候和环境变化的一个重要时期，当时气候周期转型，全球冰量增加，海平面下降，哺乳动物迁徙或灭绝。

（3）花岗岩

花岗岩是一种岩浆在地表以下凝却形成的火成岩，主要成分是长石和石英。花岗岩不易风化，颜色美观，外观色泽可保持百年以上。由于其硬度高、耐磨损，除了用作高级建筑装饰工程、大厅地面外，还是露天雕刻的首选之材。

34
辽宁兴城温泉

🔍 温泉对人有很好的疗效作用

　　辽宁兴城是一座依山傍水（海）的古城。兴城温泉位于城东南2千米处。温泉由12眼泉眼组成。在此明代建有"致爽亭"，"旁为堂三楹，引流于中，以为澡雪之所"。清代建了"汤泉寺"，民国时代张作霖又兴建了"温泉别墅"。如今在长达4千米的地区内建立了庭院式、宫廊式、西式和中西合璧式的医院、疗养院等40所，是全国最大的温泉疗养院。

　　兴城温泉的水温达70℃，pH值（酸碱度）为7.4，水质优良，可饮可浴，泉水中含钾、钠、钙、镁、铵、硫等多种矿物质和微量的放射性元素氡，是全国为数不多的氡泉之一。

氡泉水，可渗过人的皮肤，或通过呼吸道、消化道进入血液，可促进肌体的新陈代谢，增强免疫功能，并有镇静止痛、消炎和脱敏等疗效，对治疗风湿性关节炎、大骨节病、神经衰弱、高血压、慢性妇科病和皮肤病等有着不同的疗效。

兴城温泉的12处泉眼，每天出水总量约2000吨。在众多的泉眼中，以"天井"泉为首眼。此井无色无味，素有"圣水"的美誉，历代达官贵人中，有不少前来朝拜焚香的。近年来，每年端午节前后，许多蒙古族同胞前来用"圣水"净身，以求消灾灭病。

（1）汤泉寺

汤泉寺位于抚宁县平山营乡（现杜庄乡）温泉堡村东500米，因有汤泉而得名。始建于辽天庆三年（公元1113），为广化寺下院，其上院在西北5千米山中，仅存有遗址。寺东西各有温泉一处，水温39℃，均为四0八医院所用。

（2）张作霖

张作霖（1875年3月19日—1928年6月4日），字雨亭，汉族，辽宁海城人。张作霖是北洋军奉系首领，是"北洋政府"最后一个掌权者，号称"东北王"。1928年6月4日发生皇姑屯事件，张作霖乘火车被日本关东军预埋的炸药炸成重伤，当日送回沈阳官邸后即死去。

（3）新陈代谢

新陈代谢是指生物体从环境摄取营养物转变为自身物质，同时将自身原有组成转变为废物排出到环境中的不断更新的过程。

35
北京小汤山温泉

北京市安定门外东北30千米处，有三座孤立的小山，西边一座比较大，名叫大汤山，中间一座仅有一些怪石，名叫小汤山。这里共有11处温泉出露，泉水温度高达53.3℃，泉水热气腾腾，尤其是隆冬季节，这里一片白雾冲天，蔚为奇观。每昼夜流出热水6000多立方米，其中以小汤山地区泉水温度最高，流量最大，所以叫小汤山温泉。

小汤山以南有两个温泉，东面一个水温较高，属于沸泉；西边一个水温适中，属于温泉。两泉相隔只有3米，水温差别却如此之大，真是个奇迹。

⌕ 小汤山温泉

小汤山地区设有疗养院。这里环境优美，也是北京地区的一处旅游地。自600多年前的元代以来，明、清以至民国时代，已经开发利用小汤山温泉了。修有水池、白玉围栏、行宫、别墅。如今对温泉的利用越来越广泛了。

因为温泉水里含有钠、钾、钙、镁、碳酸氢根离子、硫酸根离子、氯离子、氟离子，并含有微量的铀、镭、氡等放射性元素，还有二氧化碳等气体，所以多用在医疗方面，而且效果显著。

在北京地区，利用地下热水供住宅取暖是很诱人的。自1975年以来，北京有11家单位先后利用地下热水供暖，面积达到20万平方米，取得了很好的经济效益。

（1）元代

元代（1271—1368），由蒙古族建立，是中国历史上第一个由少数民族建立的大一统帝国。元朝的疆域空前广阔，西到新疆，北至北海，东到日本海，西藏第一次被纳入中国版图。元朝在地方实行行省制度，开中国省级行政制度之先河。1368年明军攻占大都，元朝在全国的统治结束。

（2）民国

民国是从清朝灭亡至中华人民共和国建立期间的国家名称和年号，位于亚洲东部、东临太平洋，成立于1912年的民主共和国，为第二次世界大战的主要战胜国及联合国五个主要创始会员国之一。

（3）行宫

行宫是指古代京城以外供帝王出行时居住的宫室，也指帝王出京后临时寓居的官署或住宅。行宫不仅是一个源自于中国的词语，另外还有清代姚鼐的《登泰山记》中的"行宫在碧霞元君祠东"。

36
温泉之城——福州

福州是座古城，已有2000多年的历史了，大街小巷，古榕遍布，又名"榕城"。城里有一个著称于世的温泉出露带。福州温泉得天独厚，数量之多，水质之好，在中国大城市中堪称独一无二，自古有"福州温泉甲东南"之称。城的东部到王庄南北约5千米，从五一路到六一路宽1千米的范围内，温泉涌溢，沸珠串串，泉口热气腾腾，浴池毗邻呈现，温泉出露带面积约占福州市面积的1/7。

据史书记载，有名的温泉就有8处之多。到1911年，福州城内有温

⌕ 福州温泉公园

泉井50～60眼，目前，已开发热水井达180多眼。

福州的温泉水质有三个特点：1.温度高，一般在40℃～60℃，最高可达98℃；2.水压大，埋藏浅，这里温泉大多深40～65米，涌水量每秒0.5～1升，钻孔涌水量可达每天900吨，钻孔喷出地表的高度最高可达25.9米；3.水质纯净，无色无味。泉水含钠、钾、氟、氡及微量元素钼、镓、钛等，对治疗皮肤病、风湿性关节炎、神经痛等疗效很好。

福州温泉很早就被开发利用了。唐代发现温泉，北宋时已有40多家温泉浴池。现在市民家里都有"热水井"，市内温泉疗养院多处，有100多个单位取用地下水资源，从事工业、农业和水产养殖业等，热水井开采量在330多万吨。

（1）古榕

古榕原产于热带亚洲，以树形奇特，枝叶繁茂，树冠巨大而著称。枝条上生长的气生根，向下伸入土壤形成新的树干称之为"支柱根"。古榕高达30米，可向四面无限伸展。其支柱根和枝干交织在一起，形似稠密的丛林，因此被称为"独木成林"。

（2）北宋

北宋（960—1127）是中国历史上的一个朝代，由赵匡胤建立，都城东京（今河南开封）。北宋王朝的建立，结束了自唐末以来四分五裂的局面，统治黄河中下游流域及以南一带广大地区，实现中国大部统一。1127年，金军攻破首都开封，掠走徽、钦二帝，史称"靖康之变"，北宋灭亡。

（3）微量元素

微量元素又名痕量元素，习惯上把研究体系（矿物岩石等）中元素含量大于1%的称为常量元素或主要元素，把含量在1%～0.1%之间的元素称为次要元素，而把含量小于0.1%的称为微量元素。

37
台湾的温泉群

温泉度假区

祖国的宝岛台湾是温泉林立的地方。在小小的土地面积上，就有80～100个温泉，已经供使用和供游人参观的温泉就有50多处。台湾温泉的水温在38℃～70℃和84℃～99℃之间。台湾有四大温泉区，集中在大屯山火山群、东北部、西南部及东南部地区。

在台湾温泉中，以阳明山温泉、北投温泉、关子岭温泉和四重溪温泉最著名，被称为台湾四大温泉。

阳明山原名草山，在台北市北郊16千米处。这里是有名的风景区，花草树木，亭台楼阁，湖水、瀑布一应俱有。而阳明山的温泉对这里的景致犹如画龙点睛，享有盛誉。温泉水从七星岩涌出，为乳白色和暗绿色的淡出硫化氢泉，四季不干涸，可浴可饮，深受青睐。

北投是台北市的郊区，距台北市12千米。这里温泉密布，历来有"温泉之乡"的美称。多为硫黄泉，沿溪有温泉泉眼和地热喷气口分布。区中最突出的奇观是"北投温泉"和"地热谷"。温泉瀑布落差20米，水花四溅，气雾弥漫，犹如仙景。

关子岭温泉在台南县白河镇东面，为台湾南部第一温泉，温泉有清、浊两穴，浊泉温度约80℃，清泉温度约50℃。两泉一清一浊，别具风韵。

四重溪温泉在台湾屏东县恒春镇以北约13千米的群山中，泉水从虱目山麓的石缝中涌出，水温约45℃～60℃，可饮可浴。

（1）七星岩

七星岩位于台湾最南部，与鹅銮鼻隔海相望，距离鹅銮鼻18千米。由七颗珊瑚礁岩组成，因状如北斗七星而得名，退潮时，可看到七个礁岩，涨潮时，只能看到二个礁岩。近年来为潜水人士及海钓客喜欢驻足之地，但因海况不佳，其海面下的海流很强，危险性极高。

（2）阳明山

阳明山原名草山，在台北市近郊，位于大屯火山群最高峰七星山（海拔1120米）南侧，居纱帽山之东北，磺溪上源谷中。该山是风光秀丽的旅游观光胜地。

（3）台湾北投

台湾北投位于台北市最北方，北与新北市接壤。阳明山国家公园即位于此区及士林区。著名的北投温泉及关渡风景区也在此。

38
重庆南北二温泉

　　南温泉位于重庆南部的花溪河畔，距市区约22千米，四周峭壁耸立，怪石嶙峋，景色宜人。温泉出露于三叠世嘉陵江石灰岩中，有3个泉眼，泉水温度在40.8℃～41.5℃之间，清澈明净，有硫黄味，属硫黄类温泉。具有杀虫灭菌，软化皮肤，溶解角质、镇痛止痒，改善全身血液循环和新陈代谢，调节神经等作用，是良好的医疗用水。泉水含

🔍 北温泉

钙、镁、钾、钠、碳酸氢根离子、硫酸根离子、氯离子和二氧化碳、二氧化硅、硫化氢、铁等成分，温泉早已开发利用。

北泉位于市区西北的北碚郊区，嘉陵江旁，缙云山对面。这里峡谷幽深，温泉潺潺，亭楼矗立，奇葩盛开，被誉为"嘉陵江上的一颗明珠"。泉眼有10眼，终年水流汩汩，水温一般在35℃～37.5℃，矿化度为2.311克/升，涌水量57升/秒。泉水化学成分与南泉相近，水质属硫酸钙镁泉，低渗、中性，是良好的医疗用水，对于心血管病、关节炎、神经疾病以及皮肤病都有很好的疗效。

目前，南泉、北泉都建立了游览公园，名叫南温泉公园和北温泉公园，供游人享用。

（1）重庆花溪河

重庆花溪河位于长江、珠江重要源头，位于贵阳市西南17千米处。吴鼎昌说："彩笔新题坝上桥，驻看飞瀑卷回潮。"指的就是流淌而过的花溪河。

（2）角质

皮肤的表层分为五层，从里往外依序是基底层，棘状细胞层，颗粒层，透明层，角质层。皮肤细胞是从基底层开始生长，随着往外推移，历经了衰老和死亡的过程，角质是表皮细胞不断再生的最后产物，皮肤表面角质层厚，皮肤会失去光泽，灰暗、脱皮、产生皱纹、生长痘痘等。

（3）嘉陵江

嘉陵江是长江上游的一条支流，发源于秦岭北麓的宝鸡市凤县。因凤县境内的嘉陵谷而得名。长1119千米，流域面积近16万平方千米，在长江支流中流域面积最大，长度仅次于汉江，流量仅次于岷江的河流。

39

温泉与农业（一）

🔍 温泉生态园

　　温泉在农业上应用很早，中国唐代时就已经用温泉水浇灌瓜果了。王建的《华清宫》诗中就写有"分得园内温汤水，二月中旬已进瓜"的佳句。不过，温泉水大面积用于农副业生产，造福于人民，仅仅是近半个世纪的事。尤其是近20多年来，利用温泉水培育农作物新品种的科学试验，已经取得了可喜成果。

　　用温泉水浸种、育秧、保苗，可使作物的成熟期缩短，提前收获。天津地区用30℃的温泉水浸种，只经过48小时，稻种即可发芽，比用冷水浸种可提前4～5天。若再用30℃以下的温泉水灌溉，只需20天左右，秧苗便可栽插。用凉水灌溉一般则需40天左右。所以用温泉水浸种和灌溉，缩短了作物的生长期，这在无霜期短的地区，是大有好处的。在南方，由于用温泉水育秧能避免春寒的袭击，可促进早稻增产。

据实验，地热温室的瓜果蔬菜产量比用煤作燃料的温室生长出来的瓜果蔬菜产量要高出50%。多年来，不少地方利用地热温室大搞科学试验，培育优良品种，为农业增产做出了贡献。中国湖南省农业科学研究院在宁乡县灰汤温泉建起了一所大温室，进行植物保护、栽培技术和良种繁殖等试验。湖北英山县也建立了地热利用科学试验站，设有农科组、微生物组、水产组、医疗组，已出新成果。农科组培育出了多种水稻、棉花、蔬菜等优良品种。在寒冷的冬季，地热温室里，水稻已经抽穗，棉花开始现蕾结铃，黄瓜、茄子挂满枝头，呈现出丰收景象。

（1）农作物
农作物指农业上栽培的各种植物，包括粮食作物、经济作物（油料作物、蔬菜作物、嗜好作物）、工业原料作物、饲料作物、药用作物等。

（2）抽穗
抽穗是指禾谷类作物（水稻、小麦、玉米等）发育完全的穗随着茎秆的伸长而伸出顶部叶的现象，是决定作物结实粒数多少的关键时期，对外界条件反应敏感。

（3）现蕾
现蕾是指棉花果枝上出现肉眼可见三角形（约3毫米大小）花蕾的现象，是棉花从营养生长进入生殖生长的标志。

40
温泉与农业（二）

冰岛地热温室之多，使这个位于北极圈附近的岛国处处春意盎然。冰岛首都雷克雅未克以东的维拉杰迪村，虽距北极圈不足100千米，却以盛产水果、蔬菜、花草而驰名全球，就连热带植物也在温室里茁壮生长。

利用地下热水保护不耐寒的水生植物和鱼类越冬，孵化雏鸡，早已试验成功。水浮莲是一种很好的饲料，在中国中部和南部各省广泛

 南宫温泉生态园

种植。但是，冬季由于气温偏低，使中部地区的一些省份种植的水浮莲不能安全越冬，所以每到春季又要重新到南方引进新的水浮莲苗，影响饲料供应。为解决这一问题，湖北英山、应城等县，试验用温泉水保持水浮莲越冬，早已取得成功，既节省了经费，又保证饲料供应。

中国北京市场上经常出售的活鲫鱼原产于非洲，称为非洲鲫鱼。它能在北京地区生长，就是靠温泉水。小汤山养殖场的工人们利用30℃的温泉水进行养殖，鱼类不但可以安全越冬，同时由于生长迅速，在很大程度上丰富了北京市场。

（1）雏鸡

雏鸡是指刚孵出0~50天的鸡。刚出壳的雏鸡体内有足够的卵黄，3~5天内可供给雏鸡部分营养物质，适时开食有助于雏鸡腹内蛋黄吸收，有利于胎粪排出，促进其生长发育，是育雏工作中的重要环节。

（2）水浮莲

水浮莲，浮水植物，根生于节上，根系发达，靠毛根吸收养分，根茎分蘖下一代。穗状花序，花为浅蓝色，呈多棱喇叭状，上方的花瓣较大；花瓣中心生有一明显的鲜黄色斑点，形如凤眼，也像孔雀羽翎尾端的花点，非常耀眼、靓丽。

（3）非洲鲫鱼

非洲鲫鱼为一种中小型鱼，现在它是世界水产业的重点科研培养的淡水养殖鱼类，且被誉为未来动物性蛋白质的主要来源之一。原产于非洲，属于慈鲷科之热带鱼类，和鲈鱼相似。它有很强的适应能力，且对溶氧较少的水有极强的适应性。绝大部分非洲鲫鱼是杂食性，常吃水中植物和碎物。

41

温泉与工业

不用电力和燃料加热的温泉水可用在很多工业生产流程中，既节约了物力和人力，又无污染，有利于环境的清洁卫生。目前，世界上许多国家的工厂已把温泉水直接用于锅炉供水、产品加热及纺织、印染、造纸、制革等工业生产的蒸馏、干燥、发酵、空调等工艺流程中。

中国天津市将40℃～50℃的温泉水用于20多台工业锅炉。就其中14台锅炉统计，每年可节约煤炭4700吨以上。北京

温泉水可用在很多工业生产上

一个印染厂，打出一口水温为48℃的热水井，把热水抽出直接用于染布和洗布，每年节约自来水30万吨，节约煤炭2500吨。北京一个棉织厂用40℃~42℃的地下热水调节空气，每年可节约人民币8万元之多。

实验证明，40℃以上的地下热水都可以用来发电。冰岛是世界上地热能利用最广泛的国家之一，早在1976年冰岛的地热能利用已占全国能源消耗的17.8%，20世纪80年代增加到了24%，以后逐年都有所增加。

（1）制革

制革是指将生皮鞣制成革的过程。除去毛和非胶原纤维等，使真皮层胶原纤维适度松散、固定和强化，再加以整饰（理）等一系列化学（包括生物化学）、机械处理。

（2）蒸馏

蒸馏是一种热力学的分离工艺，它利用混合液体或液—固体系中各组分沸点不同，使低沸点组分蒸发，再冷凝以分离整个组分的单元操作过程，是蒸发和冷凝两种单元操作的联合。

（3）发酵

发酵是指细菌和酵母等微生物在无氧条件下，酶促降解糖分子产生能量的过程。发酵是人类较早接触的一种生物化学反应，如今在食品工业、生物和化学工业中均有广泛应用。发酵也是生物工程的基本过程，即发酵工程。

42
西藏羊八井热田

　　中国温泉的类型很多，除有众多的40℃以上的温泉外，还有很多沸泉，为建设地热电站提供了极有利的条件。西藏是中国地热资源最为丰富，而煤炭资源又十分缺少的地区，在这里开发利用地热资源具有重要意义。西藏羊八井热田位于海拔4200米以上的一个山间盆地中。在12平方千米的面积上，分布着200多处高温热泉，水温一般都高

　　　　　　　　　　　　　　　　　　　⌕ 羊八井地热

于当地沸点，钻孔热流体最高温度达170℃左右，可直接输入汽轮发电机中，是中国目前温度最高的地热田。1977年9月，这里建成一座装机容量为1000千瓦的地热电站。现在已安装5台汽轮发电机，总功率为1.3万千瓦。从羊八井到拉萨全长92千米的11万伏地热高压输电路早已建成，1983年向拉萨输送了2800多万度电，在拉萨市的电网中发挥了重要作用。

此外，中国不少温泉含有氦气，有些温泉氦气含量较高，具有提取价值。氟是重要的工业原料，是发射火箭、导弹、人造卫星所不可缺少的。中国有些温泉氟的含量很高，是提取氟的宝贵资源。

（1）山间盆地
山间盆地是指处于造山带之间的盆地，位于山区内部、被山地所环绕的盆地。常见的是构造断陷盆地或河谷侵蚀盆地，一般规模较小。

（2）汽轮发电机
汽轮发电机是指用汽轮机驱动的发电机。由锅炉产生的过热蒸汽进入汽轮机内膨胀做功，使叶片转动而带动发电机发电。做功后的废汽经凝汽器、循环水泵、凝结水泵、给水加热装置等送回锅炉循环使用。

（3）人造卫星
人造卫星是指环绕地球在空间轨道上运行（至少一圈）的无人航天器。人造卫星是目前发射数量最多、用途最广、发展最快的航天器。按照用途划分，人造卫星又可分为通信卫星、气象卫星、侦察卫星、导航卫星、测地卫星、截击卫星等。这些种类繁多、用途各异的人造卫星为人类做出了巨大的贡献。

43
地热利用的两种模式

  冰岛的地热资源非常丰富，从1928年起他们就开采地热。现在冰岛人口中约有1/2依赖于首都的地热水供应系统，当地的地热发电能力为500兆瓦，这相当于一个大型火力发电厂，每年可供电约30亿千瓦/小时。

  冰岛地热能丰富的原因在于：它是大西洋中脊上的一个岩浆喷发热点，由1500万年前海底喷发出的玄武岩组成，至今火山喷发仍十分活跃。在这10多万平方千米的国土上，有30座火山，平均每5年就有一次较大规模的火山爆发，境内地震频繁，温泉处处。

🔎 地热能丰富

地热要成为能源，需要有两大因素：发热的岩石和滚烫的水。在冰岛，这两者都有，而且很丰富。

由此派生出地热利用的两种模式：即一种是直接将地下热水抽出，并加以利用，这种模式就称为"冰岛模式"；另一种是向地下有热岩的地方注入冷水，利用热岩加热冷水，再把热水从另一处抽出，这种模式称为"大陆模式"。前一种方式较有效，但地下热水中含有多种腐蚀物，对供热管道的腐蚀极大，如无有效措施事先加以防治，这种地热利用是不会长久的。后一种方式虽然腐蚀问题不严重，但是，很难掌握地下那个巨大的"加热炉"（即热岩）的运作。

总之，不论哪种方式利用地热，都涉及到先进的科学技术和工业基础。

（1）火力发电厂

火力发电厂是利用煤、石油、天然气作为燃料生产电能的工厂，它的基本生产过程是：燃料在锅炉中燃烧加热水生成蒸汽，将燃料的化学能转变成热能，蒸汽压力推动汽轮机旋转，热能转换成机械能，然后汽轮机带动发电机旋转，将机械能转变成电能。

（2）玄武岩

玄武岩是一种基性喷出岩，其化学成分与辉长岩相似，SiO_2含量变化于45%～52%之间，矿物成份主要由基性长石和辉石组成，岩石均为暗色，一般为黑色，气孔构造和杏仁构造普遍。玄武岩是地球洋壳和月球月海的最主要组成物质，也是地球陆壳和月球月陆的重要组成物质。

（3）热点

热点是指形成与板块边界无关的、来自上地幔中相对固定的火山的岩浆源。全球火山大部分沿板块边界，特别是洋中脊分布。中国的峨眉山玄武岩也是热点火山的产物。

44
美国干热岩热能的利用

💭 美国地热能

　　干热岩是地热能的一种新类型，是指储存在地球深部岩层中的天然热量。它的特点是埋藏深，在地下2000～3000米或更深，温度高，含水少（或者不含水），不易将热能提取出来。20世纪70年代，美国洛斯阿拉莫斯国家实验室的研究人员，首先采用人工钻井、压裂和注水的方法进行了"人造地热系统"的试验，即形成一个与天然水热系统相同的人造地热储，方法是在不渗透的岩石中打两个深井钻孔，并通过水力将底下岩石破碎，然后用泵把冷水从一个钻孔中注入，水在碎石缝隙中加热，再从另一钻孔中取出，即可获得地下热水。

在美国能源部的支持下，洛斯阿拉莫斯国家实验室从1971年至1973年进行了干热岩地热的选点和初步试验，当时钻探785米深，岩石温度就达100℃，取得初步成果。1974年至1978年，又进行了3000米深度的钻探，试验温度200℃，获得运行124天的好结果，主要研究了热储寿命、阻力、漏损、水质和环境的影响等重要问题。接着，1979年开始第三阶段的试验研究，将破碎区延伸到4000米深度，热岩温度上升到250℃～275℃。此后，美国就成立了国家干热岩规划发展委员会，并开始工业性中间试验。在此期间，前苏联也开始了干热岩的研究工作。

（1）钻井

钻井是利用机械设备，将地层钻成具有一定深度的圆柱形孔眼的工程。钻井通常按用途分为地质普查或勘探钻井、水文地质钻井、水井或工程地质钻井、地热钻井、石油钻井、煤田钻井等。

（2）压裂

压裂是指采油或采气过程中，利用水力作用，使油气层形成裂缝的一种方法，又称水力压裂。油气层压裂工艺过程用压裂车，把高压大排量具有一定黏度的液体挤入油层，当把油层压出许多裂缝后，加入支撑剂（如石英砂等）充填进裂缝，提高油气层的渗透能力，以增加注水量（注水井）或产油量（油井）。

（3）水质

水质是水体质量的简称。它标志着水体的物理（如色度、浊度、臭味等）、化学（无机物和有机物的含量）和生物（细菌、微生物、浮游生物、底栖生物）的特性及其组成的状况。为评价水体质量的状况，规定了一系列水质参数和水质标准，如生活饮用水、工业用水和渔业用水等水质标准。

45
干热岩热能的利用方法

　　许多地热专家认为，要将干热岩中的热能采出，必须在深部造成热交换表面，即必须使干热岩发生破碎，增加其渗透能力，从而使足够的流体能在其中循环吸热。有两种方法可以做到这一点。

　　第一种方法：水压致裂法。首先钻探一口注水深井，用高压泵将水泵入，在钻孔封闭部分增加水的压力，直到水压使热岩破碎，然后施工第二口与破碎的岩石热储相交的生产井，最后，压入注水井中的水，通过热储后由生产井采出。由于水在热储的裂隙流过而变为热

 美国地热

水。在地面上由一个热交换器将热量从水中提取出来，然后水可以通过热储进入另一次循环。所提取的热量即可直接利用或转换为电力。

第二种方法：爆破致裂法。首先打一口深井，在其底部进行人工爆破，产生人工热储，然后再钻另一口生产井。由一口井注入冷水，冷水在热储中与干热岩进行热交换，所得热水由另一口井泵出，进行净化处理后加以利用。在岩石中抽取热量时也可只用一个钻孔。在钻孔中放入一根比钻孔直径小的管子，将冷水泵入破碎的热储区域。冷水逐渐被加热，当温度足够高时，发生汽化。蒸汽沿着管子和井壁之间的环形通道上升到地面，可发电或提取热能。

（1）生产井

生产井习惯上是指专门为开采石油和天然气而钻的井或者由其中转为采油、采气的井。但是广义的生产井，还包括为开发油气田而钻的注水井、注气井、观测井等。

（2）热储

热储指地热流体相对富集、具有一定渗透性并含载热流体的岩层或岩体破碎带。热储岩石类型有砂岩、砾岩、裂隙花岗岩、碳酸盐岩等。

（3）爆破

爆破是利用炸药在空气、水、土石介质或物体中爆炸所产生的压缩、松动、破坏、抛掷及杀伤作用，达到预期目的的一门技术。研究的范围包括：炸药、火具的性质和使用方法，装药（药包）在各种介质中的爆炸作用，装药对目标的接触爆破和非接触爆破，各类爆破作业的组织与实施。

46
自流井地热开采

🔎 温泉古源

在勘探某一地区的地热资源后，对确定为有开发价值的地热田开始进行必要的钻探。通过钻井，取出地热，就是地热开采了。

一般低温地热的开采比较简单。如100℃以下的地热水，多半是自流井，地热水经过井管自动流出来，通过一个主阀，即进入输水管道，送往使用地。还有一些低温的地热水，往往不能自流。或者开始几年能够自流，以后水位下降而不能自流，这就需要用井下泵将热水取出，这就涉及一些开采的配套设备以及井口装置的选择等技术问题。如果开采中、高温地热，如100℃以上，一般会出现地热蒸汽和地热水的混合物，于是开采较复杂，井口装置的要求也要高一些。

　　自流井井口只需装上与井内水管对接的地面水管，加上阀门即可。安装时可利用以下两种方法避免热水烫伤人。一是用大量的冷水将井口冷却（约经过2～3天），使井内热水不能自流；二是采用抽水法（抽水泵能力要大于热水的自流量），使井内水位下降，然后施工。

（1）自流井

　　埋藏在上下两个稳定隔水层之间的地下水称为承压水。打穿隔水层顶板，钻到承压水中的井叫承压井，承压井中的水因受到静水压力的影响，可以沿钻孔上涌至相当于当地承压水位的高度。在有利的地形条件下，即地面低于承压水位时，承压水会涌出地表，形成自流井。

（2）井口装置

　　井口装置是指石油、天然气钻井中，安装在井口用于控制气、液（油、水等）流体压力和方向，悬挂套管、油管，并密封油管与套管及各层套管环形空间的装置。

（3）水位

　　水位是指河流、湖泊、海洋及水库等水体的自由水面离固定基面的高程。水位观测的作用是直接为水利、水运、防洪、防涝提供具有单独使用价值的资料，同时也为推求其他水文数据提供间接运用资料。

47
非自流井地热开采

　　非自流井是由于地下热储的压力小，热水不能自流而出。因此，开采这种地下热水就必须采用水泵取水。它的井口装置包括水泵、泵座、配管系统、监测系统、电源和泵房等。有了这些装置，才能将地下热水抽取出来输送到一定地方以便使用。

　　中、高温地热井的井口装置比较复杂。因为井下喷出的不仅是热水，有时还伴随着大量的高压蒸汽或甲烷等其他物质。它涉及到汽、

地热能开采

水分离，两相流的管道和各种换热器的设计。井口要安装汽水分离器，蒸汽走蒸汽管道输送。热水通过集水罐和消音器之后放出，或通过扩容器送入第二级分离器，而获得低压蒸汽。

干热岩地热能的开采是对于地下深处（往往在3000～4000米以下）无水或少水的干热岩石的热能开采。其技术条件比较复杂，有两大工序必须处理，一是要用冷水回灌地下。让地下高温岩石对冷水加热，再抽出热水使用；二是必须将地下热岩爆破，增加岩石表面积，才能为冷水加热。此外，必须另外打钻井，为抽取热水所用。

（1）泵房

泵房指供水系统（如矿泉场）的安装泵并工作于其中的建筑物。大型企业、自来水厂、矿山、电厂、居民生活区等生活、生产地点都需要建有泵房，安装相应型号的水泵，以满足生产、生活需要。

（2）甲烷

甲烷是天然气、沼气、油田气及煤矿坑道气的主要成分，在自然界分布很广。它可用作燃料及制造氢气、碳黑、一氧化碳、乙炔、氢氰酸及甲醛等物质的原料，化学符号为CH_4。

（3）消音器

消音器是安装在空气动力设备（如鼓风机、空压机、锅炉排气口、发电机、水泵等排气口噪音较大的设备）的气流通道上或进、排气系统中的降低噪声的装置。

48
地热供暖新技术

🔍 热泵技术

　　地热能除了用以发电，还可以直接为人们所利用。这种不经发电转化的地热能利用，称为地热能的直接利用。目前，世界上地热能的直接利用十分广泛，大体包括：生活用热水、采暖、温室种植，烘干业、纺织业、造纸业及水产养殖业等。

　　地热能的直接利用，尤其是中低温地热能的开发利用，已引起世界各国的关注。因为中低温地热资源分布广泛，又易于开发。因此，许多发达国家围绕着如何开发利用中低温地热资源开展了多学科研究，并取得了一定的进展，其中热泵技术的应用使低温地热水的利用成为可能。

所谓热泵，就是根据卡诺循环原理，即电冰箱工作原理，利用某种工质（如氟里昂、氯丁烷等），从低焓值的地热水中吸收热量，经过压缩转化成高焓值的能量并传导给人们能够利用的介质。这样，在热泵的两端一端制热，另一端制冷，使其分别得以利用，有效地提高了地热资源的品位及其直接利用的负荷系数，为地热能的利用打开了新的路径。例如，瑞典隆德的热泵区域供热系统把流量为每秒400千克的22℃地下水下降到7℃，从而获得2.5万千瓦的能量。

（1）纺织

纺织是纺纱与织布的总称。中国古代的纺织与印染技术具有非常悠久的历史，早在原始社会时期，古人为了适应气候的变化，已懂得就地取材，利用自然资源作为纺织和印染的原料，以及制造简单的纺织工具。直至今天，我们日常的衣服、某些生活用品和艺术品都是纺织和印染技术的产物。

（2）氟利昂

氟利昂在常温下是无色气体或易挥发液体，略有香味，低毒，化学性质稳定。由于氟利昂化学性质稳定，具有不燃、低毒、介电常数低、临界温度高、易液化等特性，因而广泛用作冷冻设备和空气调节装置的制冷剂。

（3）焓值

焓值是指空气中含有的总热量，通常以干空气的单位质量为基准，称作比焓。工程中简称为焓，是指一千克干空气的焓和与它相对应的水蒸气的焓的总和。

49
地热供暖的难题

　　直接利用地热供暖会碰到两大难题：一是地热水对管道的腐蚀性太强，只能先用它把自来水焙热，再输入管道，这种方式不仅加大了成本，浪费大量地热资源，而且使用后的地热尾水温度过高，不能直接排入城市污水排放系统；二是地热水的温度比较稳定，难以根据气候调节室内温度。这两大难题使人们在利用地热资源的时候顾虑重重，或是干脆"望热兴叹"。

　　20世纪90年代末，中国天津市环保局地热站传出喜讯，经过几年

🔍 供暖管道

的努力，他们较好地解决了这两大难题，这项科研成果已应用于地热供暖中，成为可行的地热供暖新技术。该站位于天津市王兰庄地热异常区，始建于1990年，初期采用间接供暖方式，浪费较大，排放尾水温度为48℃～52℃，超过国家规定的40℃标准。后来，他们与科研单位合作，研制出了地热水质稳定剂，并投资120万元改造了旧的工艺、设备，利用微机控制系统直接将地热水输入供暖管道。在后来的运行中表明，加入了水质稳定剂的地热水对管道的腐蚀率由原来的0.74%降到0.044%，低于0.125%的国家规定标准；尾水温度降到35℃～39℃；供暖面积由7.5万平方米增加到12万平方米，并可节约地热水25%。微机系统还可自动控制井口出水量，以此来调节供暖温度。

（1）尾水

发电站发电时会放出尾水，这种水缺少氧气，不利于水生生物生存。将污水处理厂的尾水经深度处理回用于城市，并能取得良好的社会效益、环境效益和经济效益。

（2）工艺

工艺是劳动者利用生产工具对各种原材料、半成品进行增值加工或处理，最终使之成为制成品的方法与过程。制定工艺的原则是：技术上的先进和经济上的合理。就某一产品而言，工艺并不是唯一的，而且没有好坏之分。

（3）水质稳定剂

水质稳定剂就是为防止冷却水对设备的腐蚀和结垢而加入循环冷却水中的化学药剂。能与水中钙、镁离子等成垢物质形成稳定的络合物，易溶于水，起良好的螯合、分散、缓蚀作用，阻止结垢并对老垢层起到疏松作用，便于清垢。

50
地热发电

 地热发电模型

　　地热发电是指利用地下热水和蒸汽建立地热发电站，这是一种新型的发电技术。地热发电的基本原理与普通火力发电相似，都是根据能量转换原理来进行的，首先把地热能转换为机械能，然后又把机械能变为电能。

自从1904年意大利在拉德瑞罗地热田建立世界第一座0.75马力的地热发电试验装置以来，到1979年世界地热发电装机容量已达206万千瓦，1982年为271万千瓦，每年以10%的速度增长。1985年总装机容量达520万千瓦，增长幅度更大。2000年全世界的地热发电装机容量达1764万千瓦，这已经是一个相当惊人的数字了。这就意味着地热发电已能同常规能源发电相竞争。特别是在一些能源缺乏的地区，利用地热发电更有意义，例如中国的西藏地区，羊八井地热电站投入运转以来，明显地改变了拉萨供电的比例，发挥出新能源的优势。

（1）能量转换

能量既不能产生也不能消失，能量转换是指从一种形式转化为另一种形式或是从一个物体转移到另一个物体。

（2）蒸汽

蒸汽亦称"水蒸气"，根据压力和温度对各种蒸汽的分类为：饱和蒸汽，过热蒸汽。蒸汽主要用途有加热、加湿、产生动力、作为驱动等。

（3）常规能源

常规能源是指已经大规模生产和广泛利用的能源。煤炭、石油、天然气、核能等都属一次性非再生的常规能源，是促进社会进步和文明的主要能源。

51
地热发电受青睐

　　目前，许多国家都把地热能作为一种新能源来加以利用，特别是在20世纪70年代初期，兴起了世界性地热发电的热潮。大家对地热发电的青睐有两个方面的原因：一方面是由于电能更易于输送，且服务具有多样性；另一方面，对于充分开发利用比较偏远地区的地热资源，将地热能转变为电能十分重要。因为地热田一般都出露在偏远地区，电力可在热田就地生产，能运转的时间长，即负荷因素高，不受降雨多少、季节变化、昼夜因素的影响，能提供既便宜，又可靠的基本负荷，使一个地区获得稳定的电力供应。在这一点上，地热发电比水力发电还要优越。

　　地热发电的种类较多，由于地热的温度、水和气的成分，以及压力的大小不同，发电方式也不同。如果获得的是地下干蒸汽，并且具有较大的压力，则可直接采用汽轮机带动发电机发电。如果水、气都有，或温度又不特别高，则常采用扩容法或中间介质法发电。

　　目前，大量应用的地热发电系统主要有两大类：地热蒸汽发电系统和双循环系统。另外，正在研究的地热发电系统还有全流发电系统和干热岩发电系统。

🔍 地热能可用作发电

（1）负荷

负荷指机器或主动机所克服的外界阻力，对某一系统业务能力所提出的要求（如电路交换台，邮政，铁路），又指物体所承载的重量。引申为资源被占用的比例。

（2）季节

季节是每年循环出现的地理景观相差比较大的几个时间段。不同的地区，其季节的划分也是不同的。对温带，特别是中国的气候而言，一年分为四季，即春季、夏季、秋季、冬季；而对于热带草原只有旱季和雨季。在寒带，并非只有冬季，即使南北两极亦能分出四季。

（3）干蒸汽

干蒸汽指完全由气态水分子组成的蒸汽。蒸汽从不饱和到湿饱和再到干饱和的过程温度是不增加的，干饱和之后继续加热则温度会上升，成为干蒸汽。

52
低温地热水发电

　　低温热水层只能产生热水，不能产生蒸汽，不能直接用它来发电。只有通过一定的手段，把热水变成蒸汽才能生产电能。通常采用"降压扩容法"和"低沸点工质法"，将低温热水直接变成蒸汽，或使低沸点工质变成蒸汽。

　　"降压扩容法"的原理如下：水在一个大气压下，100℃时才能沸腾，也就是水的沸点。假如降低气压，沸点也就随着降低。如在0.5个大气压的条件下，水的沸点就降为81℃，这就是"降压扩容法"的原理。

　　"低压扩容法"的技术手段是：把低温地热水引入密封容器中，利用抽气降压的方法，使低温地热水（90℃）沸腾生产蒸汽，去推动汽轮发电机发电。

　　那么什么叫"低沸点工质法"呢？水的沸点是100℃，但有的液体沸点大大低于水的沸点，如在一个大气压下，氯丁烷的沸点是12.4℃，氟利昂–11的沸点是24℃。如果不用水，而选用上述两种物质做热机的工质，就可以利用低温水层的热水加热低沸点工质，生产驱动汽轮机的蒸汽，从而把低温地热转变成电能。

（1）工质

实现热能和机械能相互转化的媒介物质称为工质，依靠它在热机中的状态变化（如膨胀）才能获得功，而做功通过工质才能传递热。

（2）氯丁烷

氯丁烷是一种无色、挥发性、易燃液体，有类似氯仿的气味。几乎不溶于水，与乙醇和乙醚混溶。主要用于有机合成，也用作溶剂及制备丁基纤维素的丁基化试剂。

（3）热机

热机是将燃料的化学能转化成内能，再转化成机械能的机器，如蒸汽机、汽轮机、燃气轮机、内燃机、喷气发动机等。热机通常以气体作为工质，利用气体受热膨胀对外做功。热能的来源主要有燃料燃烧产生的热能、原子能、太阳能和地热等。

地热发电

53
中温地热水发电

　　中温地热水发电，即双流体循环系统，这是一种有效地利用中温地热的发电系统。地热发电站主要是用高温地热资源，可是由于中温资源丰富，分布面积广大，所以努力开发利用中温资源发电更有普遍意义。

　　美国在爱达荷州建了一座装有这种系统的试验性中温地热发电站。它的功率为60千瓦，供水井深度为1521米，每小时流量为182吨，水温147℃。双流体的一次流体地热水进入蒸发器，流出蒸发器后注入冷却池，水温降到116℃。一次流体完成循环可引为他用（余热）。在蒸发器内，有充足的热量从地热水传给异丁烷（二次流体），使其沸腾。汽化后的异丁烷可带动汽轮发电机发电。冷却异丁烷的冷却用水是一般井水。由于有两种流体参与循环，故得名"双流体循环系统"。

　　5万千瓦双流体循环中温地热电站，仍采用150℃的中温地热水，以异丁烷作工质。热水从1600米深的含水层中抽出，提取热量后回灌到1300米的浅层。共为它钻了7口井。其中3口为生产井，2口为回灌井，另外2口为预备井。各井深度和流量均不一样。

🔍 地热能

（1）爱达荷州

　　爱达荷州位于美国西北部，是个以壮观的自然风景和优质的生活环境著名的地方。除了丰富的农产品闻名之外，更是许多高科技产业的主要基地，丰富的森林资源更造就许多建筑材料与林产制品。

（2）蒸发器

　　蒸发器是制冷四大件中很重要的一个部件，低温的冷凝"液"体通过蒸发器，与外界的空气进行热交换，"气"化吸热，达到制冷的效果。

（3）汽化

　　物质从液态变为气态的过程叫做汽化。汽化的两种方式为蒸发和沸腾。液体中分子的平均距离比气体中小得多。汽化时分子平均距离加大、体积急剧增大，需克服分子间引力并反抗大气压力做功。因此，汽化要吸热。

54
高温地热水发电

美、英、法、德、日等国的研究成果表明，地下高温岩石是未来一大能源，用它来发电比较经济，不但发电规模大，对环境影响也小。

所谓地下高温岩石，即干热岩石。在地壳硅铝层的花岗岩埋藏较浅地区，是300℃以上的高温岩体，其本身没有蒸汽或热水。用高温岩体发电，就是利用地下岩的热量，将注入岩体的水变成蒸汽，以驱动汽轮机发电。科学家们预测，此项开发，能够发掘相当于几万亿吨煤的能量。

据测定，地球1千米以下的花岗岩内，蕴藏着巨大能量。美国新墨西哥州的顿希尔实验室对此做过试验，他们先在地下高温岩石上制造两个龟裂面，然后分别钻两个深孔（共3600多米），在一个孔中灌入水，水流入岩体龟裂缝，被高温加热成热水或蒸汽，再从另一个孔转出，便可用于发电。试验在一个面积为40平方米，厚度为150米的龟裂层中进行，把水注入进去，估计一年可产生相当于10兆千瓦功率的热水或蒸汽。

（1）硅铝层

硅铝层即花岗岩层，地壳上部的圈层。其化学组成与花岗岩相近，主要由铝硅酸盐类构成，故称硅铝层。

（2）新墨西哥州

新墨西哥州是美国西南部四州之一，北接科罗拉多州，西接亚利桑那州，东北邻俄克拉何马州，东部和南部与得克萨斯州毗连，西南与墨西哥的奇瓦瓦州接壤。新墨西哥的景致迷人，有红岩峭壁、沙漠、仙人掌等。

（3）龟裂

龟裂也称网裂，裂缝与裂缝连接成龟甲纹状的不规则裂缝，且其短边长度不大于40厘米。在路面纵向有平行密集的裂缝，虽未成网，但其距离不大于30厘米的，都属龟裂。

高温地热水发电

55
高温岩石发电

　　岩石产生高温的主要原因在于：年轻的花岗岩，常含有钍、钠、钾等天然放射性蜕变而产生巨大的热量。据估算，每立方千米岩石放射性蜕变约放出9.37×10^{10}焦的热量。如按通常的地热梯度，每加深1000米约增加温度30℃，目前，钻探能达到的深度约5500米，则可获得发电用所需温度180℃。而地球内部，有许多地域的地热梯度大于正常的地热梯度。如美国20%的地区每深1000米，岩石增温超过45℃，在西部地区则高达65℃。而这些热量大多阻滞在地下水不能渗透的地球深处的岩石中，因此，地下岩石所贮藏的热能是很可观的。

　　世界上最早拉开高温岩石发电研究帷幕的是美国。1970年，美国洛斯阿拉莫斯国家实验室的莫顿·史密斯首先提出利用地下高温岩石发电的设想。美国从1972年开始进行这项具有战略意义的发电新技术研究，他们利用"水压击碎法"成功制造了高温岩石发电新技术的"人工锅炉"，并建成了一座60千瓦的高温岩石发电站。当电站发电时，先用高压将冷水注入水井，并使其进入到岩石裂缝中，这时，地下"锅炉"将水加热，再用水泵从抽水井中抽出温度为240℃的热水送到发电厂，用以加热丁烷变成蒸汽推动汽轮机发电。

🔍 利用地热能发电

（1）岩石

岩石是由一种或多种矿物组成的，具有一定结构构造的集合体，也有少数包含有生物的遗骸或遗迹（即化石），是组成地壳的物质之一，是构成地球岩石圈的主要成分。

（2）锅炉

锅炉是一种能量转换设备，向锅炉输入的能量有燃料中的化学能、电能、高温烟气的热能等形式，而经过锅炉转换，向外输出具有一定热能的蒸汽、高温水或有机热载体。

（3）丁烷

丁烷，无色气体，有轻微的不愉快气味，不溶于水，易溶醇、氯仿，易燃易爆，用作溶剂、致冷剂和有机合成原料。油田气、湿天然气和裂化气中都含有丁烷。

56
地热发电的先驱

意大利罗马西北面约180千米处，有一个面积大约为100平方千米的大地热田，名叫拉德瑞罗地热田。这个地热田是由8个地热区组成的，其中以拉德瑞罗地热区规模最大，而且最负盛名，所以就以拉德瑞罗为该热田的名称了。拉德瑞罗这个地名是为了纪念一位地热开拓者朗西斯科·拉德瑞罗。此人早在1827年就率先利用该地区的地热蒸汽提炼热水池中的硼酸。1904年又开始利用地热蒸汽发电机发电，当时所发出的电力只有几百瓦，后来不断扩充，到1905年为20千瓦，1913年就增到250千瓦，到了1916年猛增到1.2万千瓦，1940年又扩充到12.68万千瓦。自20世纪60年代至今，一直维持38.06万千瓦的装机容量。当时曾是世界第一大地热电厂，但到了20世纪70年代，它退居第二位，被美国加州的盖尔瑟斯地热电站超越。到了20世纪80年代退居第四位，被菲律宾的蒂威地热电站、墨西哥的墨罗普列埃托地热电站超越。不过，它在世界地热开发史上永远是先驱，也是为数不多的几个干蒸汽热田之一，它在地热地质学上有着重要范例作用。人们只要读到地热田和地热发电，很自然的就会联想到这个世界地热发电的先驱者及其早期显赫的功绩。

（1）硼酸

硼酸为白色粉末状结晶或三斜轴面鳞片状光泽结晶，有滑腻手感，无臭味，溶于水、酒精、甘油、醚类及香精油中，水溶液呈弱酸性。大量用于玻璃工业，可以改善玻璃制品的耐热、透明性能，提高机械强度，缩短溶融时间。

（2）菲律宾

菲律宾位于亚洲东部，是由西太平洋的菲律宾群岛（7107个岛屿）所组成的国家。菲律宾为发展中国家、新兴工业国家及世界的新兴市场之一，但贫富差距很大。

（3）地热地质学

地热地质学是应用地热学的一个分支学科，其主要任务和目的是：研究地热资源形成与分布规律，划分热田成因类型，查明地热流体的物理性质及化学成分，确定其工业价值和预测开发前景等，为经济合理地进行勘探、开发与利用提供科学依据。

⌕ 高温岩石

57
全球地热田之冠

　　美国加州旧金山北面约120千米处，有一个面积超过140平方千米的地热田，名叫盖尔瑟斯地热田，也是一个干蒸汽田。1980年前后共有生产井400口左右，井深1200米以上，最深不超过3300米，平均深度2300米，储集层蒸汽温度最高达280℃，这个地热田第一座电厂于1960—1963年间建成，装机容量为2.4万千瓦。后来，由于营运良好，利润很高，又于1973年扩大了电厂规模，20世纪70年代平均每年增加7万千瓦的发电机组。

　　盖尔瑟斯地热田1988年的发电量已占全加州供电量的6%，并占全美国地热发电量的75%，估计这个地热田的最大发电潜能为250～300万千瓦，目前处于世界第一。该地热田所生产的是干蒸汽，而不是热水，所以开发条件也是第一流的，既提高发电效率，又降低发电成本。

　　盖尔瑟斯，原意为间歇喷泉的意思，不过这个地区从来没有发现过间歇喷泉，有的只是喷气孔、温泉和水热蚀变现象。第四纪（距今0～180万年）的火山岩类和侵入岩体分布在地热田的东北侧，面积超过600平方千米。位于地下深处（8千米以下）的岩浆房构成本地热田的热源，并造成附近1500平方千米以内地区的地温异常。

🔍 地热区域

（1）加州

加州全名加利福尼亚州，位于美国西部，是美国经济最发达、人口最多的州。南邻墨西哥，西濒太平洋。加利福尼亚无论是在地理、地貌、物产，还是人口构成上都十分多样化。由于早年的淘金热，加州有一个别名叫作金州。

（2）水热蚀变

水热蚀变是指高温地热区内，原始岩体与热水或蒸汽发生反应所产生的一系列复杂的脱玻、重结晶、溶解和沉淀反应。热水含有的二氧化碳和硫化氢的浓度对蚀变矿物类型也有重大作用。

（3）第四纪

第四纪，新生代最新的一个纪，包括更新世和全新世。第四纪期间生物界已进化到现代面貌，完成了从猿到人的进化。

58
新西兰怀拉基地热田

位于新西兰北岛中部陶波湖东北侧的怀拉基地热田，虽然目前算不上世界最大的地热田，但它却是世界上第一个成功开发的大型热水田，利用热水发电的方法可以说是从这里开始的。由此不难看出，怀拉基地热田对于人类开发地热田的巨大作用了。

新西兰北岛有一个著名的火山带，呈东北方向，全长150千米，北起北部海湾的白岛，南止于陶波湖西南30

 五彩地热

千米的鲁朋湖活火山。怀拉基地热田位于这个火山带的中部偏南，附近有一观光胜地名为陶波，来这里旅游的人多半会到怀拉基观赏喷气孔、热水池、沸泥泉，以及附近的地热井和地热电厂等奇景。

怀拉基地热田热水温度最高达到265℃，它的储集层由浮石质角砾与豆粒一般大小的结晶质和玻璃质凝灰岩组成，地层名为怀拉组，厚500米以上，孔隙率高达20%～40%，为高渗透性岩层。怀拉组地层之下为怀拉基组熔结凝灰岩。这种岩石结构致密，透水性小，除非再经破碎，否则难以储存大量热水。怀拉组层之上为湖卡法斯组地层，是泥质与砂质湖相沉积物，渗透性差，为怀拉基地热田的盖层。

（1）新西兰北岛

新西兰北岛是融多姿多彩的风光美景于一身的海岛，这里有各种各样的景色，你可以欣赏不同风格的美景。从惠灵顿地区天鹅绒般的绿色丘陵到中央火山高原上冒烟的火山口，再到岛屿湾的亚热带雨林，北岛可以说是长年吸引游人的地方。

（2）浮石

浮石是一种多孔、轻质的玻璃质酸性火山喷出岩，其成分相当于流纹岩。此处的浮岩是由于熔融的岩浆随火山喷发冷凝而成的密集气孔的玻璃质熔岩，其气孔体积占岩石体积的50%以上。因孔隙多、质量轻、容重小于1克/立方厘米，能浮于水面而得名。

（3）凝灰岩

凝灰岩是一种火山碎屑岩，其组成的火山碎屑物质有50%以上的颗粒直径小于2毫米，成分主要是火山灰，外貌疏松多孔，粗糙，有层理，颜色多样，有黑色、紫色、红色、白色、淡绿色等。

59
地热田新秀

　　菲律宾是一个多火山的岛国。岛上的活火山很多，常有火山爆发，这和那些群岛外围板块向群岛中心下方俯冲有关。板块向下的俯冲作用除了造成火山活动以外，相伴而来的就是地热了。

　　菲律宾目前共有地热田和地热区30处，其中已发电者有4处，具有开发潜力者有6处，正在钻探和开发中的有9处，其余11处仍在进行地

♀ 地热田

面研究。已设置电厂的地热田有麦克班、蒂威、唐哥兰和帕林皮伦，其中以蒂威规模为最大，为美国加州联合石油公司所有。

当时共有钻井约60口，井与井之间距离约200米，平均井深2100～2400米，热水温度246℃，盐分的浓度为8000百万分之一（ppm），储集层已证实每小时可生产蒸汽100万磅（1磅≈0.454千克），约相当于66万千瓦的电力，仅次于美国，居世界第二，其中大部分发电量来自蒂威。就单个地热田而言，蒂威的发电量和它的终极发电潜力可能不及墨西哥的塞罗普列埃托，在世界排名上可能居第三，实际如何，也许3—5年后即可见分晓。

（1）岛国

岛国是指一个国家的领土完全坐落于一个或多个岛屿之上，世界上共有48个岛国（2004年统计）。岛国大致上可以被分为两种。一种是邻近大陆地区，开发程度高且与大陆国家之间的关系非常密切，例如英国、日本等国。另一种是除了国土面积大部分都相当小之外，有些甚至分布在广大海洋的中央，例如巴哈马、马尔代夫等国。

（2）ppm

ppm指用溶质质量占全部溶液质量的百万分比来表示的浓度。ppm是英文part per million的缩写，表示百万分之几，在不同的场合与某些物理量组合，常用于表示器件某个直流参数的精度。

（3）地热区

地热区是指地表上出露热显示的地域和范围。一个地热区可以是一个单独的温泉，也可以是泉眼密集的泉群。一个热田内的各个显示区之间并无明显的界线，它们之间往往是无显示的地热异常区。

60
地热与化石能源

人们最熟悉的化石燃料有煤炭、石油和天然气,不太熟悉的化石燃料则有油页岩、泥炭等。

泥炭和煤的成因起源于沉积淡水沼泽中的树干、树叶、树基及其他植物,而石油和天然气则主要由沉积在海相或陆相盆地中的浮游生物或植物残骸产生的有机物质形成。这些有机质形成的有经济价值的化石燃料,取决于热降解或细菌分解所引起的一系列变化,以及因埋藏所致的温度与压力的作用。

地热在泥炭转变成煤炭

 菲律宾火山

的过程中起到了十分重要的作用。地温随埋藏深度的增加而上升，引起泥炭变煤的化学反应。要形成优质煤，地温应达200℃左右，若地温梯度为30℃/千米，即深度每增加1千米，地温增加30℃，则形成优质煤的埋藏深度应达6千米以上。由于后期的地质变动，如抬升与剥蚀作用，这种深埋的煤层可能接近地表，而被人们加以开采。

从煤的变质过程中，越来越多的证据告诉我们，从含碳量为30%的褐煤，到含碳量为87%的烟煤，再到含碳量超过94%的无烟煤，以及各种不同级别煤炭的形成，取决于不同的地热条件，地温越高，压力越大，煤炭的变质程度越高，含碳量也就越高。所以，地热是形成煤炭不可缺少的重要因素之一。

（1）油页岩

油页岩是一种高灰分的含可燃有机质的沉积岩，它和煤的主要区别是灰分超过40%，与碳质页岩的主要区别是含油率大于3.5%。油页岩经低温干馏可以得到页岩油，页岩油类似原油，可以制成汽油、柴油或作为燃料油。除单独成藏外，油页岩还经常与煤形成伴生矿藏，一起被开采出来。

（2）泥炭

泥炭是一种经过几千年所形成的天然沼泽地产物，是煤化程度最低的煤，同时也是煤最原始的状态，无菌、无毒、无污染，通气性能好，质轻、持水、保肥、有利于微生物活动，增强生物性能，营养丰富，既是栽培基质，又是良好的土壤调解剂，并含有很高的有机质，腐殖酸及营养成份。

（3）无烟煤

无烟煤是煤化程度最大的煤。无烟煤碳含量高，挥发分含量低，密度大，燃点高，燃烧时不冒烟。黑色坚硬，有金属光泽。一般含碳量在90%以上，挥发物在10%以下。